[현대미용총론]

Beauty & Hair Art

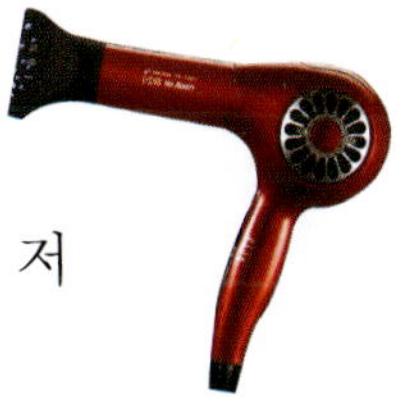

정매자 저

光 文 閣

www.kwangmoonkag.co.kr

머리말

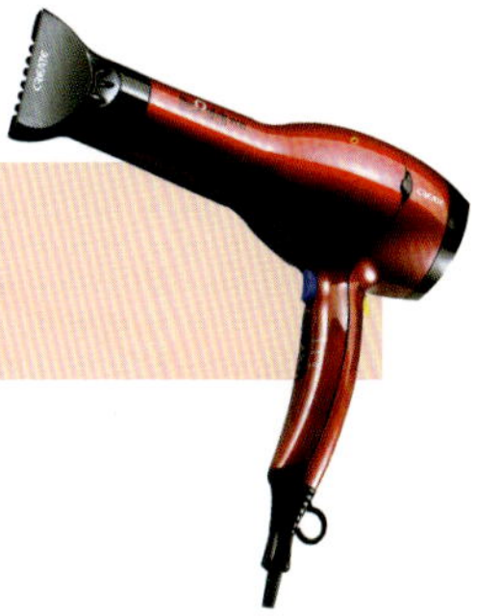

현대 미용은 전문 직종이자 서비스 산업의 일환으로 부가가치가 매우 높은 유망 분야입니다.

사회와 산업이 발달하면서 국민들의 문화 · 레저 생활도 다양하고 활기차게 전개되고 있습니다. 이런 사회 여건 속에서 미(美-Beauty)에 대한 사람들의 관심이 높아지고, 아름다움을 추구하는 사람들의 욕구도 뜨거워졌습니다.

여기서 미용인들이 고객을 위해 해야 할 일이 많아졌고, 국가경제와 사회 발전에 일익을 담당하면서, 국민보건 향상과 증진에도 기여해야 하는 중요성이 더욱 강조되고 있습니다.

한국 미용 기술은 이미 세계 선진국 대열로 들어섰다고 해도 과언이 아닙니다. 이제 우리 미용인들은 각자의 미용실 안에서 고객에게 아름다움을 엮어주는 일도 중요하지만, 더 넓은 국제사회로 진입하고, 세계 정상의 코리아 뷰티 아티스트(Beauty Artist) 경지를 확보하도록, 미용인 모두가 지혜를 모으고 노력해야 한다고 생각합니다.

필자는 한 사람의 미용인으로 을지대학교(前 서울보건대학)를 비롯하여 고려대학교 사회교육원, 전남대학교, 경원대학교 등 몇몇 대학에 출강하면서 후학들에게 미용 실기를 가르치는 데도 혼신의 열정을 쏟았으며, 전국 각지의 세미나 강사로 초청을 받아 500여 차례 이상 순회 봉사 교육을 하면서 부지런히 활동하였습니다.

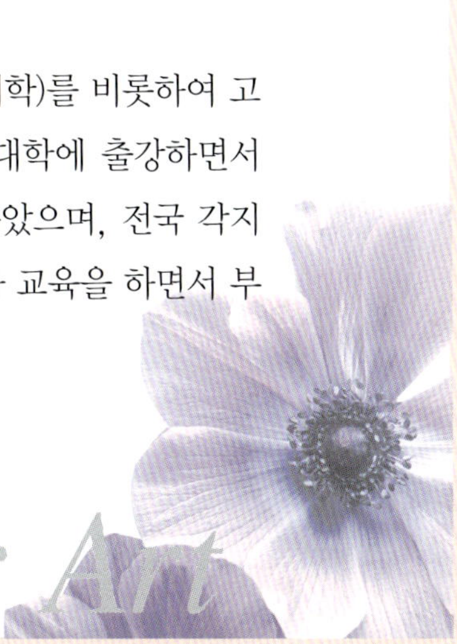

Beauty& Hair Art

미용 현장을 달리면서, 많은 전문 서적들과도 만났고, 많은 미용인들과 학생들과도 기탄없는 대화를 수없이 했습니다. 이때마다 이들이 미용 현실에 맞는 쉽고도 간결한 종합 교재형 책을 목마르게 갈구하는 것을 보았습니다.

필자는 세미나장에서, 대학 강단에서, 국제 무대에서 이들이 원하고 있는 갈증에 동감하면서, 우리 실정에 맞는 종합 교재를 한 권 펴내고 싶다는 생각을 굳히고, 주경야독으로 원고 집필에 열정을 바쳤습니다.

『현대미용총론 뷰티 & 헤어 아트 | Beauty & Hair Art』의 특징은 「미용과 문화」·「미용과 예술」·「프로 헤어 아트」의 3편을 줄기로 삼고, 「미용의 이해 · 미용의 시원(始原) · 미용의 발달 과정 · 미용과 기술 · 미용사의 교양과 윤리」 등을 미용과 문화로 살펴보고, 「미용의 특질 · 이론과 실제 · 미용과 현장 · 미용 기기 · 미용 경영」 등을 미용과 예술로 정리하였습니다.

이어서 「헤어의 묘사 · 퍼머넌트 웨이브 · 현대인의 커트 · 컬러링의 매력 · 업스타일 · 두피 관리 · 피부 과학 · 화장 기술 · 매니큐어 & 페디큐어 · 토털 미용 예술가의 자세」 등을 프로 헤어 아트로 묶어, 종합 미용 가이드북으로 편찬하였습니다.

이 책이 모든 미용인과 후학들이 뷰티 아티스트의 꿈을 키우는데 도움이 되기를 소망합니다.

2008년 여름

정정원 헤어룩 삼성동 본점 & 청담동점 연구실에서

編著者 정 매 자

Beauty& Hair Art

목차

Section 1. 미용과 문화(文化) · 9

contents

contents

contents

contents

미용과 문화(文化)

Beauty & Hair Art

Chapter 01
미용의 이해(理解)

1. 미용의 개념(槪念)

사람들은 모두가 아름다워지고 싶어 한다.

이 세상에서 아름다워지는 것이 싫은 사람은 아무도 없다. 아름다움을 추구하는 것은 인간의 본능이다. 이 본능을 충족시켜 주는 서비스의 하나가 바로 미용이다.

미용(美容 : Cosmetology)은 복식(服飾 : 패션) 이외의 방법과 기술로 인간의 용모를 아름답게 가꿔 주는 일을 말한다. 사람의 얼굴, 머리, 피부, 네일 등의 상태를 현대 과학적인 이론과 제품을 바탕으로 응용하면서, 가공적인 조화미로 아름답게 미화시키는 전문 기술인 동시에 예술이다.

현대 미용은 일반적으로 커트, 파마, 컬러 등의 머리 가꾸기, 미안술(美顔術), 화장(化粧), 매니큐어 등으로 용모를 아름답고 미려하게 하는 일 외에, 전신 미용으로 신체의 균형을 잡아 주는 것들이 모두 포함된다.

본래 미(美 : Beauty)는 진(眞) · 선(善)과 함께 인간이 동경하고 추구하는 가치의 하나로, 인류 역사와 맥을 이어 가는 원대한 것이다.

1) 미(美)란 과연 무엇인가?

미는 아름답다는 말의 총칭이다.

아름답고, 빼어나고, 수려하고, 빛나고, 순수하고….

외면의 미, 내면의 아름다움, 감성과 이성과의 조화에 대한 순수한 아름다움이 바로 미의 세계, 찬미의 대상인 것이다.

사람이 아름답다는 것은 얼굴, 머리, 피부, 체격, 신장 등 외형적인 아름다움이 그 1차적 평가의 기준이 된다. 그러나 외모 못지않게 중요한 것은 내면의 미이다.

내면의 미는 언어, 행동, 사랑, 신뢰, 인성, 예절, 교양, 품위, 매너 등에서 총체적으로 나타난다.

외형적인 미와 내면의 아름다움이 하나로 조화를 이룰 때, 완벽한 미인이 될 수 있다.

2) 미용인의 소명(召命)

현대 사회는 다양한 직업 사회와 활동적 삶의 연속이다.

따라서 사람들은 다른 사람들과 어울려서 함께 생활하고, 제품을 생산하는 경제활동을 통해 국가와 사회 발전에 기여하면서 자신도 성장해 나아가는 것이다.

많은 사람들, 각계각층의 다양한 사람들이 함께 모여 활동하는 대중사회에서는, 남녀노소를 가릴 것 없이, 밝고 아름다운 표정 관리에 신경을 써야 하는 것이 필연적이다.

이러한 시대적 욕구에 부응하는 전문직이 바로 미용이며, 미용업에 종사하는 사람들을 미용인, 디자이너, 또는 미용 예술가라고 칭한다.

그러므로 미용인은 인간의 헤어, 피부, 두피 등을 건강하고 아름답게 가꿔 주는 전문인이며, 고객의 외모에 만족감을 주는 서비스에 열정을 경주해야 하는 전문인이기 때문에, 그 책임이 막중하다.

이는 문화 사회가 미용인에게 요구하고 부여하는 시대적 소명이다.

미용이 인류 역사, 인류의 복식사(服飾史) 및 화장 문화사(化粧

文化史)와 함께 유구한 역사를 지녀온 전문 분야의 하나이면서도, 불과 한 세기 전까지만 해도 미용사를 단순 기술자로 여겼던 것이 사실이다.

그러나 현대 사회에서 미용이 차지하고 기여하는 서비스 측면은 단순 기술적 서비스 차원이 아니라, 사회의 모든 생산적 활동 무대를 보다 밝고, 명랑하며 아름답게 이끌고 있는, 특수하면서도 필연적인 영역으로 자리를 잡고 있다는 점이다.

3) 미용은 예술이다

미용을 외면한 사회 무대는 존재할 수 없다. 이는 현대 산업사회가 요구하는 필연적 개념이므로 아무도 거부할 수 없다.

미용을 미화(美化)의 기술이자 예술(藝術 : Art)이라고 말하는 이유가 여기에 있다.

그러나 여기에는 질서와 윤리, 도덕이 따른다. 이는 사회적 규범이므로 모두가 지켜야 한다.

미용인이 반드시 준수해야 하는 법이 「공중위생관리법」이다.

「공중위생관리법(公衆衛生管理法)」 제8조 제3항에서 "미용사의 업무 범위에 관하여 필요한 사항은 보건복지부령으로 정한다."라고 명시했다.

보건복지부는 동법 제8조 제3항의 규정에 의거, 공중위생관리법 시행규칙을 마련하고, 미용사의 업무 범위를 다음과 같이 정하고 있다. (보건복지부는 보건복지가정부로 바뀜)

◇ 공중위생관리법 시행규칙 제14조(미용사의 업무 범위)

「파마 · 머리카락 자르기 · 머리카락 모양내기 · 머리피부 손질 · 머리카락 염색 · 머리감기 · 손톱의 손질 및 화장 · 피부미용(의료기구나 의약품을 사용하지 아니하는 순수한 피부미용을 말한다.) · 얼굴의 손질 및 화장.

이는 현대 사회에서 다양한 직업 간의 갈등을 완화하면서 미용 본래의 영역을 명확하게 정리해 놓은 것으로써, 미용 업무의 개념을 분명히 했고, 미용의 포괄적 개념을 법으로 명시한 규정이다.

따라서 미용인은 국가 공인의 미용사 자격증(美容師資格證)을 취득한 자로서 면허증(免許證)을 교부받아, 일정한 시설을 갖춘 업소에서, 미용 영업을 하거나 미용실의 종사자로 일하는 사람을 가리킨다.

2. 미용의 목적

미용의 목적은 인간의 모발, 즉 머리카락에 관한 헤어스타일(Hair Style)과 피부 화장, 손톱 손질 등으로 용모를 아름답게 가꿔 주는 데 있다.

이는 단순한 사전적 의미의 협의적인 미용 목적이라고 할 수도 있다. 그러나 광의적인 미용의 목적은, 의상 또는 패션과 조화미(調和美)를 이루는 총체적 전문 기술을 바탕으로, 물리적 또는 화학적 제품과 과학적 기구 등을 통해 기교(技巧)를 가미하여, 본래의 외적인 용모를 보다 밝고 아름답고 세련미가 넘치는 용모로 창출해 주는 응용과학의 한 패턴이라고 보는 것이 현대 미용 개론의 사조이다.

1) 미의 외연적(外延的) 기준

미의 외연적 개념은 시대 상황에 따라, 사회적 가치의 변화에 따라, 변천되고 있다는 것이 일반론이다.

그 예로, 미인선발대회의 심사 패턴과 기준이 나라마다, 연대마다 조금씩 차이가 있고, 관점에 따라 달라지고 있다는 것이 그 증거이다.

미스 코리아 · 미스 유니버스 · 미스 아메리카 · 미스 인터내셔널 선발대회들이 그 점을 입증해 준다.

미의 외향적 기준은, 언제나 일정불변의 원칙을 지니고 있지 않고 시대와 개념, 사회적 욕구와 가치에 따라 항상 변하는 가변성을 띠고 있다.

인간이 추구하는 미의 탐구적 본질은, 인류 역사가 시작된 원시 사회로부터 현대에 이르는 동안 계속되어 왔으며, 앞으로도 영원히 이어질 것이라는 전망이 틀림없는 사실이다. 그러므로 미를 추구하는 인간의 본질이 변하지 아니하는 한, 미를 추구하는 심리적 욕구를 충족시켜 주기 위해서, 미용의 필요성은 더욱 높아질 수밖에 없다.

미용은 미용학(美容學)으로, 미용 기술로, 미용 문화로, 미용 예술로 더욱 한 차원 높게 업그레이드하면서 승화 발전되어 가고 있다. 여기에 미용이 지니고 있는 목적이 있고, 미래 지향적 비전(vision)이 제시되고 요구된다.

2) 미용의 필요성

사회가 발전되고 경제와 문화가 윤택해지면 질수록 미용의 목적은 더욱 확대되고, 미용의 관심은 더욱 고조될 것으로 보인다.

사회 문화의 향상과 경제의 고도성장은, 미용의 관심도를 더욱 높이면서 질 좋은 서비스, 현대화된 토털(Total) 개념의 미용 서비스를 요구하는 방향으로 전개되어 가고 있는 것이 오늘의 현실이다.

미용인은 이러한 시대적 요구에 부응해야 한다.

이는 피할 수 없는 현대 사회의 흐름이다. 이러한 요구에는 바로 다양한 기술과 고품질의 서비스를 동반하지 않으면 안 된다.

미용인은 시대가 요구하는 조건에 부응하기 위해, 그 시대의 욕구와 조류에 상응하는 서비스를 제공할 수 있도록 자신의 기술과 노하우를 계발하고, 새롭게 진전시키면서 부단한 연구와

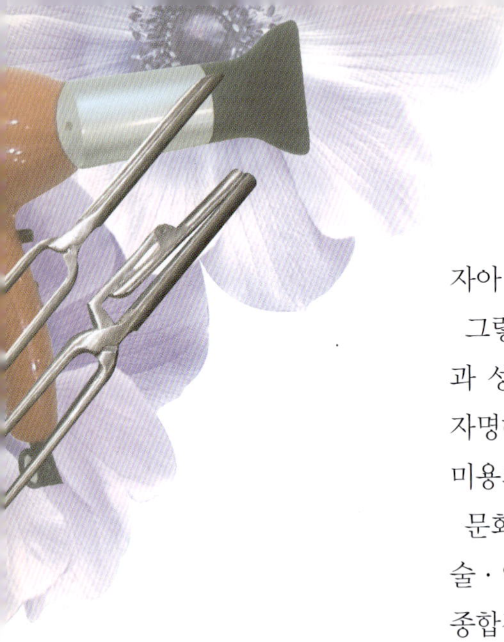

자아 연마에 충실해야만 한다.

그렇지 못한 미용인은 시대적 요구에 부응할 수 없으며, 발전과 성장을 거듭하는 동반 대열에서 낙오될 수밖에 없다는 것이 자명하다. 여기서 미용의 목적은 더욱 명약관화해 지고 있으며, 미용의 필요성이 보다 확실해 지고 있다.

문화가 초고속으로 발달하는 첨단산업사회에서는 문화 · 예술 · 영화 · 음악 · 학문 · 레저 등이 상호 연계하여 보완되면서, 종합적 무대를 통해 아름다움을 창출해 내는 것이 일반적 통례이다.

3) 미용은 쌍방 통로

미용에서는 어느 한 쪽만의 발전은 기대할 수 없다.

일종의 편식 문화(偏食文化)에서는 종합 예술의 극치를 이루어 낼 수 없다는 말이다.

사람이 등장하는 예술 무대는 말할 것도 없다.

일상적인 생활 무대에서도 미의 기능과 역할은 빼놓을 수 없는 필수적인 장르가 되고 있다. 다만, 미용은 산업 발전의 원동력인 자원을 생산하는 1~2차 산업은 아니지만, 인간의 심리적 만족도를 이끌어 내는 3차원적 서비스 산업 활동으로, 생산 의욕을 고취시킬 수 있는 부가 가치적 산업이라는 데서, 그 목적의 다양성과 예술성의 일단을 피력할 수 있다.

3. 미용의 전망

미용은 21세기 산업 사회를 리드하고 있는 인기 직종의 하나이다.

3차원의 산업 서비스 사회를 향해, 초고속으로 달려가고 있는 현대 사회에서는 미래를 설계하지 않는 한 비전은 없다.

미용은 여성 중심의 전문 직종의 특수 기술 산업으로 여성들의 경제 활동을 선도해 왔으나 산업의 발달, 직업의 다양화와 함께 남녀 불문의 인기 직종으로 매우 밝은 전망을 갖고 있다.

과거와 달라서 미용은 남녀의 구별 없이 자기 개성과 특성을 살려 가면서 부(富)를 축적하고, 명예를 높일 수 있는 21세기 인기 직종의 하나로 급부상하고 있음을 아무도 부인할 수 없다. 이러한 시대적 흐름에 따라, 미용은 실용 학문적으로도 매우 중요한 위치를 차지하고 있다.

전국 80여 대학 미용 관련 학과에서 꿈나무들을 미래 미용산업의 역군이자 인재로 길러내기 위해, 학문과 기술을 겸용한 실용 교육을 실시하고 있음이 그 증거이다.

대학에서 전문 교육을 이수한 인재들이 미용산업계 현장에서 괄목할 만한 기반을 구축해 가는 것도, 학문적 이론과 기능적 기술이 조화를 이루어, 무한한 능력을 발휘하기 때문이다. 이러한 장점을 더욱 발전시키면서 산학연계를 가속화해 나갈 때, 우리의 미용 미래는 밝은 비전을 이미 예약해 놓은 것이나 다름없다고 할 수 있다.

1) 미용의 전망 – 비전(Vision)

미용의 미래상은 매우 밝다고 본다.

이러한 전망은 미용 인재들이 미용의 여러 분야로 진출할 수 있는 길이 이미 열려 있기 때문이다.

전문 교육을 받은 인재들과 훈련된 재원들이 진출할 곳이 막막하다면, 그 전망은 암담할 수밖에 없다.

전문 미용인이 되는 길은 전문 교육기관에서 소정의 교육– 헤어 · 피부 · 네일 · 메이크업 등 기본적인 이론과 실기를 익히고 교육을 마친 뒤에 자격증(資格證)이나 면허증(免許證)을 취득해야만 한다.

이들이 진출할 수 있는 분야로는 각자의 특성과 능력에 따라 다르지만, 일반적으로 볼 때 진출 분야는 다음과 같다.

2) 미용사의 진출 분야

미용 현업의 방향과는 다르지만 같은 맥락으로 화장품 · 두발 제품 · 네일 제품 등의 제조 및 수입 업체, 미용 연구원, 미용 전문학교나 학원에서 후배 미용인들을 가르치는 강사 등으로 진출해 자신의 역량을 펼칠 수 있는 등 그 진로가 매우 다양하다.

① 세팅 · 파마 · 컬러 등 창조적인 헤어스타일을 추구하는 헤어 전문 헤어 스타일리스트(Hair Stylist)
② 다양한 색상으로 건강하면서도, 청결하고 곱고, 아름답게 가꿔 주는 피부관리실의 에스테티셔너(Estheticianer)
③ 손톱이나 발톱을 아름답게 표현해 주는 네일 아티스트(Nail Artist)
④ 얼굴의 결점을 커버하거나 무대 예술인의 개성을 살려 주는 메이크업 아티스트(Make Up Artist)
⑤ 메이크업 · 헤어 · 의상을 종합적으로 다루는 토털 코디네이터 등 현장의 역군으로 진출할 수 있다.

3) 변모하는 미의 개념

오늘날 사회적 · 문화적 · 경제적으로 보는 미의 본질과 목적은, 외형적 개념을 추월하여 형상을 변모시키는 방향으로 확대되고 있다.

지금까지의 미의 의미와 개념은 여성의 외모를 가꾸는 것이 근간을 이루어 왔다.

여성의 외형적 조건인 외모를 가꾸고 다듬어 아름답게 하는 헤어스타일이나, 피부미용, 네일 아트, 메이크업 수준의 개념에서 탈피하여 보건 · 미용의학 · 성형 · 미용 식품 · 미용체조 등으로 확산되어 가고 있는 것이 세계적인 추세이다.

이른바 성형 미인들이 여기저기서 태어나고 있다.

하지만 성형으로 꾸며진 미인보다는 자연적인 아름다움을 갖춘 미를 더 소중하게 여긴다.

이러한 현상은 외형적인 미도 중요하지만, 내면의 미를 추구하는 고차원적인 미용 경향이라고 볼 수 있다.

이러한 경향은 미용으로 탄력 있는 육체, 볼륨 있는 몸매를 가꿔보려는 욕구가 출렁거리기 시작하면서, 자연과 기술 발전의 균형적 조화미를 도출해 가는 방향으로 바뀌고 있다는 점이다.

따라서 미의 재창조 불씨를 키워 가고 있는 것이 오늘날의 미용 사조라고 할 수 있다.

과학의 발달은 앞으로 한 순간의 젊음을 어느 선에서 정지시켜 영원한 아름다움으로 유지해 나갈지도 모른다.

4) 미래를 위한 아름다운 창조

선진국에서는 성장 호르몬 요법에 의한 새로운 미용 연구가 시도되고 있다. 이는 한 순간의 젊음을 영원한 아름다움으로 유지해보려는 인간의 미적 욕망에 따라 진행되고 있는 것이다.

미래의 아름다움을 위한 성장 호르몬 요법 개발 연구는, 전 세계의 10여 개 선진 학술 단체들이 한마음 한뜻이 되어, 합리적이고도 윤리적이며 합당한 영원불멸의 아름다운 미래를 이끌어내보자는 욕망에서 시작되었다.

인체 내에 숨어 있는 미의 독소를 찾아내어 제거함으로써, 영원한 이름다움을 누릴 수 있지 않겠느냐는 가설이 연구의 주제라고 한다.

이를 위해 미국의 젊고 유능한 연구진들이 세포 조직을 통한 연구를 수년째 계속해오고 있다.

미를 해치는 독소를 제거한 미용 식품을 개발하여 약품으로 공급해 보겠다는 실험적 연구가 상당한 궤도에까지 이르렀다.

이 연구를 계속 주도해온 미국의 웰포드(Dr Welford) 박사 팀은 이미 흰쥐 실험을 통해, 미의 독소 성분을 소멸하는 비타민 합성물을 찾아내는데 상당 부문 성공을 거두었다.

"이제 대체 의약품을 개발하여 미래의 영원한 아름다움을 보장해 주는 날을 기다리고 있다."

Chapter 02 미용의 시원(始原)

1. 미용의 역사(歷史)

미용의 시원은 인간의 생존과 더불어 집단생활을 하면서부터 시작되었다는 것이 통설이다.

옛날 파미르고원 남서부에서는 일식으로 어두워지거나, 천재지변이 생기면, 신의 노여움 때문이라며 제사를 지냈다고 한다. 이때 토테미즘 종교적 의식으로 몸을 청결하게 하고, 향나무 잎을 이겨 그 즙을 머리카락과 몸에 바르고 신에게 제사를 올렸다고 역사는 전한다.

이것이 미용 역사의 뿌리인 시원(始原)이라고 보는 학설이다. 그러나 미용의 역사에 대해서는 몇 가지의 학설이 있을 뿐 정사는 알 수 없다. 일반적으로 전해 오는 미용 역사의 초기 학설을 더듬어 본다.

1) 본능 기원설(起源說)

인간은 누구나 아름다워지기를 갈구하며 그런 욕망을 지니고 있다. 본래 본능이라는 말은, 모든 생물이 선천적으로 가지고 있는 동작이나 운동을 가리키는 말이다.

이는 후천적인 교육에 의해서 일어나는 것이 아니라 외부의 작용에 의해 반사적으로 일어나는 심신의 반응 작용을 말한다.

이러한 욕망을 인간의 본능설이라고 한다.

인간의 본능설은 무척 다양하다. 누구나 맛있는 음식을 먹고 싶어 하는 식욕, 사랑과 섹스에 대한 성욕, 물건을 갖고 싶어 하는 소유욕이 있는 것처럼, 아름답게 가꾸고자 하는 미의 욕망도 본능적으로 갖고 있다는 학설이다.

여기서 본능주의가 싹이 트고 발달했다.

본능을 만족시키는 것이 인간의 최고 목적이라고 보는 생각이 바로 본능주의이다.

인간은 태고 시대부터 신체의 아름다운 곳은 자랑하고 싶고, 추한 곳은 가리고자 하는 본능을 지녔다. 그러다가 인류 문명이 발달하면서 아름다운 곳은 더욱 아름답게 가꾸고, 추한 곳은 고치고자 노력하기에 이르렀다.

이것은 다시 말해서 미용으로, 화장(化粧)으로, 성형으로 새로운 미를 창출하는 기원이 되었다는 주장이다.

2) 종교 기원설(起源說)

원시인들은 재난이나 어려운 일을 당하면 신의 노여움으로 여겼다. 노여워하는 신에게 제물을 바치고 정성을 다하면 신이 노여움을 풀어주고, 그로 인해 인간 생활이 순조로울 수 있다고 믿었다.

신에게 제사를 올릴 때는 부정을 제거하고, 몸을 청결하게 한 뒤 향을 온몸에 바르고, 향나무를 불사르는 종교적 의식을 시행했다. 이런 의식은 『구약성서』에 자주 언급되고 있다.

우리나라에서도 제례 때 반드시 지켜온 풍속이다.

이런 정황으로 미루어 볼 때 향수나 향료는 본래 종교적인 목적으로 사용되었다는 설명이 가능하다.

미용의 기원을 종교적 의식으로부터 시작되었다고 보는 학설이 미용 역사의 종교 기원설이다.

3) 장식 기원설(起源說)

신이 만들었다는 최초의 인간 아담과 이브는, 태초에 옷을 입지 않고 벌거숭이로 에덴동산에서 살았다고 한다. 그러나 신의 계시를 어기고 선악을 아는 나무의 열매를 따먹었다.

아담과 이브는 신의 노여움을 받고 낙원에서 추방당한 뒤 신체의 일부만을 가린 채 지내다가 옷을 입고 생활했다.

신화적인 이야기를 바탕으로 인류는 의식주(衣食住)에 눈을 떴다. 그 당시 신분 · 계급 · 종족 등을 구분하는 표시로 얼굴이나 몸에 그림을 그렸다. 이것이 화장의 기초이자 문신의 기원이라는 학설이다.

원시 시대의 추장이나 통치자들은 모두 요란한 장신구와 아름다운 치장으로 온몸을 감싸 자신들의 신분과 권력을 과시하는 수단으로 삼았다.

원시인이나 인디언들의 장신구와 화장술은 바로 권력의 상징이며, 종족의 표시였다는 것은 세계사에서 입증되었다. 이러한 원시 사회를 거쳐 개명한 사회로 들어오면서 복식 문화가 발달되고, 몸에 화장을 하고 여러 가지 장식물을 지니게 되었다는 주장이다. 이를 미용 화장의 장식 기원설로 보는 것이다.

4) 자기 보호설(保護說)

인간은 야생 동물들을 경계하면서 살아왔기 때문에, 외부의 위협으로부터 자기 자신을 보호하거나 위장하는 방법을 찾아야만 했다.

야생 동물의 위협으로부터 자신을 지키고, 귀신이나 마귀로부터 자신을 보호하려는 것은 생존을 위해 필수적인 수단이었다.

이를 위해 몸에 치장을 하거나 색칠을 하여 외부 세력의 위협에 대항하면서, 적에게 공포감을 주기 위한 수단과 방법을 강구

했다.

귀신이나 마귀를 쫓기 위해 얼굴이나 몸에 색칠을 하는 풍습이 있었다.

혼례 때 신부가 연지 곤지를 하는 것도 귀신을 쫓기 위한 것이라고 보는 것이다.

고대 이집트 사람들은 곤충으로부터 자기의 얼굴을 보호하기 위해 눈 주위를 파란색으로 칠했는데, 이것이 오늘날의 눈 화장으로 발전되었다고 보고 있다.

인간이 옷을 입기 시작한 것도 몸을 보호하기 의한 수단이었다. 그러나 오늘날에는 멋을 내기 위해 옷을 입는 패션 문화로 발달하였으며, 패션과 화장은 일맥상통하는 관계로 발전의 궤도를 달리고 있다.

이렇듯 인간이 자기 신변을 보호하기 위해 화장을 하고, 옷을 입기 시작한 것이라고 보는 주장이 자기 보호설이라는 학설이다.

5) 이성 유인설(誘引說)

인간은 남녀를 불문하고 이성에 대해 특히 민감하다.

자기의 추한 모습을 이성에게는 보이지 않으려고 하는 본성을 가지고 있다.

자신의 신체 가운데 아름답거나 씩씩한 기상을 이성에게 자랑하려고 하는 본성도 지니고 있는 것이 인간들이다.

이러한 인간 심리로 볼 때, 이성 유인설은 아름다움을 가꾸어서 이성의 시선이나 마음을 끌기 위해 시작되었다는 학설이다.

미용의 이성 유인설은 음식 문화, 섹스 문화와 함께 자연 발생적으로 시작되었다고 보는 학설도 전해 온다.

이성에게 관심을 끌기 위해 화장을 하는 것은, 화장 문화의 기원과 불가분의 관계가 있었다는 것이 정설이다.

이런 주장에 대해서는 동서고금의 많은 기록들이 전한다.

2. 미용의 변천사(變遷史)

세계 인류 역사는 사회의 변화, 문화의 발달과 함께 변천되어 왔으며, 앞으로도 끊임없이 변화하면서 변천되어 갈 것이다.

미용도 이런 맥락에서 예외일 수는 없다.

인류의 생활과 함께 항상 변하면서 새로운 스타일로 변모해 왔으며 또 변천해 가고 있다. 세계 선진국에서는 미용의 변천을 시대적 흐름, 문화적 생활, 경제적 여건 등 모든 면에서 검토하고 연구한다. 우리나라의 경우, 미용 변천사에 대한 학문적 연구를 시대 변천 과정에 맞춰 분석 연구하는 사례가 늘고 있다.

학자들의 연구 분석에 따르면, 한국에서의 미용 변천사를 삼한(三韓)시대로부터, 삼국(三國)시대 · 통일신라시대 · 고려시대 · 조선시대 · 개화기 · 광복 이후 등으로 구분해 기술하고 있다.

1) 삼한 시대

이 시대의 역사를 전해주는 문헌에 의하면, 머리 형태에 대해 삭발과 관모(官帽)로 구별되었다.

삭발은 다른 나라를 정복하면서 포로로 잡아온 사람들을 노예로 삼기 위해 머리카락을 삭발해, 노예 신분을 드러내는 제도였다. 지도자나 우두머리급 사람들은 머리에 관모를 써서 그 지위와 신분을 나타냈다.

『후한서(後漢書)』「동이전」 문헌에 나타난 삼한 시대의 남자들 헤어스타일은 상투 · 삭발 등의 단순한 형태로 나타나 있다.

마한의 지도자나 권력자들은 머리카락을 길러서 길고 아름답게 가꾸었으며, 상투를 틀고 관모를 써서 자신들의 계급을 나타냈고, 여성들은 화장이나 치장으로 아름다움을 나타냈다.

마한 · 변한 · 진한 등 삼한의 사람들은 중국 형벌의 하나로 얼굴이나 팔뚝에 그 죄의 명칭을 새겨 넣었던 자자(刺字)의 형식을 모방한 문신을 새겼다고 한다.

이러한 문신은 장식 수단으로써 뿐만 아니라 주술적인 의미도 지니고 있으며, 문신의 크기, 범위 등에 따라 신분과 계급을 표시하기도 했다는 것이다.

2) 삼국 시대

삼국 시대는 불교 문화(佛敎文化)의 영향을 많이 받았다.

정치, 사회, 제도, 문물, 일상생활 등 여러 분야에서 불교가 많은 영향을 미쳤던 시대였다.

이 시대 미용에 있어서 이루어진 대표적 영향은 향(香)의 사용과 목욕의 대중화라고 볼 수 있다.

이에 따라 향과 목욕에 필요한 용품, 용구들이 발전했다.

수소계

(1) 고구려의 머리 형태

고구려의 헤어스타일은 5~6세기 경 고구려 고분벽화에 나타난 두발 형태에서 그 모습을 엿볼 수 있다.

이 벽화의 그림에는 귀족 부인과 여관(女官) 및 시녀의 모습이 그려져 있는데, 머리는 결발(結髮)형이고, 머리에 관을 썼으며, 옷깃은 붉은데 뺨에는 연지가 찍혀 있다. 벽화의 여인들은 얼굴이 보름달처럼 둥글고, 눈썹 화장을 했으며, 머리카락은 틀어 얹은 것이 특징이다. 고구려 시대의 두발 형태는 얹은머리, 푼기명머리, 중발머리의 세 가지 형태를 보여주고 있다.

힐자계

'얹은머리' 형태는 두발을 뒤에서 앞으로 감아올리고, 그 끝을 앞머리 가운데로 감아올려서 꽂은 형태이다.

'푼기명머리' 형태는 양쪽 귀 옆에 머리카락의 일부를 늘어뜨린 것이다. '중발머리' 형태는 뒷머리에 낮게 두발을 묶는 형태이다. 고구려 시대의 머리 형태는 이렇게 다양한 헤어스타일을 보여주고 있다.

(2) 백제의 미용

백제 사람들의 헤어스타일은 머리카락을 길고 아름답게 가꾼 마한 사람들의 전통을 계승하였다.

남자는 상투를 틀었고, 여자는 머리카락을 두 갈래로 땋아 늘어뜨린 '댕기머리'를 했다.

결혼한 여성들은 댕기머리를 말아 올려 기혼자임을 나타냈다.

백제는 문화적, 지리적으로 볼 때 고구려나 신라보다는 미용의 발달이 늦었던 것 같다. 그러나 섬나라 일본에 일찌감치 화장 및 미용의 영향을 준 것으로 보인다. 일본이 백제로부터 화장품 제조 기술이나 화장 기법을 배워 갔다는 것으로 미루어 보아, 백제의 미용 및 화장 기법은 우수했고 화장품 제조 기술도 상당히 발달하였다는 알 수 있다.

전대모화문소

(3) 신라의 미용

신라 사람들의 헤어스타일은 가모(假毛 : 오늘날의 가발)를 사용하여 머리카락을 길게 땋아 내리는 장발의 처리 기술이 뛰어났다. 이러한 헤어스타일은 계급과 신분을 나타내는 표현 방법으로 매우 중요하게 여겼다는 것이다.

『신당서(新唐書)』에 이런 기록이 있다.

> "신라 부인들은 화장이나 눈썹 그리기를 하지 않았다.
> 그러나 머리는 곱게 빗어 동여맸고,
> 구슬과 아름다운 색깔의 채색 비단으로 꾸미었다."

화계

이는 신라의 여인들이 중국 당나라 여인들만큼 사치스럽지는 않았으나, 단정한 헤어스타일에 엷은 화장을 했다는 기록이다.

여성들은 얼굴 화장에서 백분 · 연지 · 향수 · 향료 등을 사용했다. 남자 화장도 무척 은은하게 성행하였던 것으로 보인다.

(4) 통일신라 시대

통일신라 시대에는 중국의 영향을 받아 화장 기술이 눈에 띄게 화려해졌다.

신라 초기에는 화장이 비교적 엷고 은은했으나, 통일신라 이후에는 비교적 화려한 경향을 보였다. 신라 고분에서 출토된 신라 사람들의 화려하고 사치스런 장신구들은 대부분 통일신라 시대 이후의 것들이다. 그 아름다움이나 세공의 정교함으로 보아, 당시의 헤어스타일이나 화장 기술이 매우 화려했던 것을 느낄 수 있다. 머리를 빗을 때 사용했던 빗도 단순한 머리 빗기용으로만 사용된 것이 아니라 머리 장식용으로 사용했던 것으로 보인다.

아환계

신분이 높은 집안의 여성들은 '슬슬전대모빗' 등을 사용했다.

이 빗은 자라의 등껍질에 자개를 장식한 매우 화려하고 정교한 고급 제품이었다. 신분이 낮은 평민 계급의 여성들은 뿔과 나무 빗을 사용했다.

더구나 이 시기에는 화장품 제조 기술도 점차 발달하여, 여러 가지의 화장품을 하나의 그릇에 담아 쓰는 화장 함(그릇)이나 분을 담아 쓰는 토기 분 함, 향유병 등도 만들어 사용했다.

3) 고려 시대

수월관음도

불교를 숭상했던 고려 시대의 헤어스타일이나 화장 기술은, 통일신라 시대의 것을 전승해 발전시켰다.

고려 시대에는 화장품의 제조 기술이 점차 발달되면서 여인들의 헤어스타일과 치장은 신분에 따라 눈에 띄게 달라졌다.

이 시대의 여성 화장 기법으로는 일반 가정부인들은 옅은 화장을 했고 직업 여성, 즉 기녀(妓女)와 궁녀(宮女)들은 짙은 화장으로 그 신분을 나타냈다.

가정부인들의 옅은 화장을 '비분대 화장'이라 했고, 기녀들의 짙은 화장을 '분대 화장'이라고 한다.

분대 화장 방법은 분을 하얗게 많이 바르고, 눈썹을 가늘고 또렷하게 그렸으며, 뺨에는 연지를 발랐고, 머리카락에는 기름을 반질반질할 정도로 바르는 화장 기법이었다.

이러한 화장 기법은 고려 시대 기녀의 상징이었다.

고려 초기에는 일종의 기녀 교육기관인 교방(敎坊)에서 기생들을 훈련시키면서 분대 화장법을 가르쳤다. 고려 시대의 화장 기술로 특기할만한 사항은, 일종의 얼굴 안면용 화장품인 면약(面藥)의 사용과 두발 염색이 행하여졌다는 점이다. 이와 함께 고려 시대에는 거울을 만드는 제조 기술과 빗을 만드는 기술을 관장하는 관청 기구를 따로 두고, 이를 권장 장려하여 거울과 빗의 제조 기술이 상당히 발달되었다.

4) 조선 시대

척불숭유(斥佛崇儒) 정책으로 불교를 멀리하고 유교를 숭상했던 조선 시대에는 기녀(妓女)들과 궁녀(宮女)들의 분대 화장을 거부하는 사상이 사회를 지배했다. 따라서 가정부인이나 일반 여성들의 헤어스타일이나 화장 기술은 고려 시대에 비해 크게 후퇴하는 현상을 보였다. 이런 배경은 유학적 도덕관념과 남성 우월주의의 사회 구조적 인식 때문이었다. 이 시대에는 일반 가정부인들이 평상시에 화장을 하지 않고, 얼굴 치장보다는 정숙한 몸매를 지니는 것을 중요하게 여기는 풍조를 보였다. 다만, 피부 손질을 위주로 화려하거나 요란하지 않고 엷게 화장하는 담장(淡粧) 기술이 발달했다.

헤어스타일에서는 '쪽진 머리', 생머리 위에 사람의 머리카락으로 만든 가모를 얹어 모양을 내는 '큰 머리', 간편하게 말아서 올린 '조짐머리'와 '둘레 머리', 땋아 내린 '댕기머리' 등이 유행하였다.

결혼식을 올릴 때에 하는 '화관 머리', 머리카락을 양쪽으로 갈라 두 갈래로 땋아 리본 모양으로 묶은 '새앙머리' 등도 이 시대 여인들의 머리 모양의 하나였다. 의식 때 대례복에 하는 '어여머리' 가 있었는데, 일명 어유미(於由味)라고도 했다. 공주나 옹주가 이 머리를 할 수 있었고, 왕가(王家) 부인이나 당상관 부인이 이 머리를 할 수 있었다.

대수

가리마 위에 첩지를 매고 족두리를 쓴다. 그 다음에 머리카락을 두 갈래로 땋아 족두리 위로 얹고 비녀나 매개 댕기로 고정시켰다.

큰머리는 일명 예절 머리라고도 하고, 대수라고도 한다.

이 머리는 고종황제의 다섯째 아들 의친왕의 왕비 김 씨가 대수를 얹고 큰 비녀를 꽂아 혼례를 올렸다 하여 유명해진 머리 형태였다. 그러나 이 헤어스타일은 일반 여성들이 한 것은 아니다. 이른바 외명부라는 당대의 왕족 여인들이나 했던 귀족 머리 형태였다. 외명부라 함은 조선 시대 왕족과 종친의 여자나 작위를 받은 여인, 높은 벼슬을 한 남성들의 부인을 이르는 말이다. 왕비와 공주, 옹주와 문무관직의 처인 부부인, 군주 및 현주군부인, 정경부인, 정부인, 숙부인 등을 외명부라고 일컬었다.

거두미

쪽진 머리는 길이 16cm의 산호매화잠을 한 여인의 앞모습과 옆모습, 뒷모습을 표현했던 작품이다. 이를 오늘날에도 재현하여 복고적 전통을 이어보려는 시도가 가끔 나타나고 있다. 댕기머리는 여자들이 머리를 길게 땋아 늘어뜨리고 그 끝에 비단이나 금박의 장식물로 달아맨 머리 형태로, 총각 처녀들이 모두 댕기머리를 했다.

특히 처녀들에게는 댕기머리가 처녀성을 상징하는 것으로 여겨졌다. 조선 시대의 화가 신윤복이 그린 「단오 주변 희희도」를 보면, 그네를 뛰는 여인들 옆에서 창포를 삶은 물에 머리를 감는 여인들의 모습이 등장한다. 이는 머리 결을 부드럽고 탄력 넘치며, 아름답게 하기 위한 당시의 보습을 보여주는 것이다.

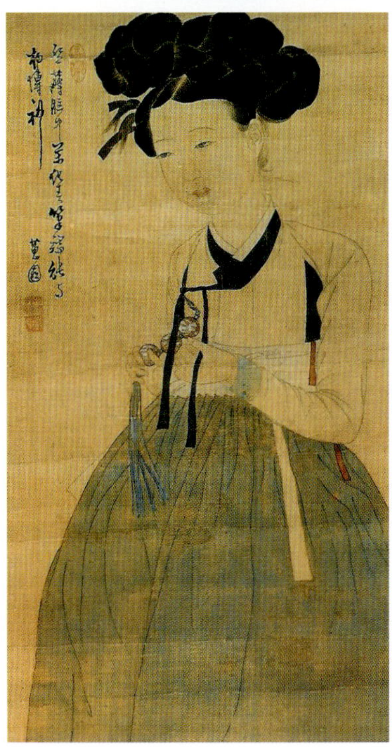

신윤복[미인도]

5) 개화기

조선 말기에는 개화의 물결로 출렁거렸다.

대원군의 쇄국정책 끝에 문호 개방과 함께 일본 · 프랑스 · 영국 · 독일 · 미국 · 러시아 등 외국 열강들의 세력이 들어오면서 선진 문화의 물결이 거세게 밀어닥쳤다.

이에 따라 고유한 우리의 재래적 미용법과 화장법도 크게 바뀌는 전기를 맞았다. 개화기 이후, 우리의 미용 기술은, 김홍집 친일 내각에서 단발령을 내려 일대 변혁의 시기를 맞았다. 우리 민족 남성들의 전통적 자존심으로까지 여겨왔던 상투를 강제로 잘라야 하는 일대 치욕의 바람이 전국을 강타한 것이다. 이 단발령은 한국 미용사에 새로운 획을 긋는 전환점이자 분수령이 되었다. 1895년 11월 15일, 고종황제가 단발령을 내림과 동시에 상투를 잘라버려, 전국은 통곡 속에 청천벽력이 일어났다.

> "짐이 신민(臣民)을 솔선하여 상투를 자르나니,
> 국민은 짐의 뜻을 바로 헤아려서,
> 만국과 병립하는 대업을 성취하게 하라!"

고종의 지엄한 단발령이 떨어지자 전국의 유림들은 신체(몸) · 모발(머리카락) · 피부 등은 부모로부터 물려받는 소중한 것이므로, 이를 훼손함은 불효라는 요지의 명구 '신체발부 수지부모(*身體髮膚 受之父母*)'를 발표하며 강력 항의했던 것이다.

우리나라 여성들이 새로운 문명에 의한 미용에 관심을 갖게 된 것은 경술국치 이후이다.

당시 조선에 외교관으로 부임했던 서양 외교관의 부인들이나 선교사로 나와 있는 외국인들의 아내들이 의상과 헤어스타일에 새바람을 불러들였다. 당시 일본에서 공부하고 귀국한 신여성들이나 중국 등 외국을 둘러본 신여성들, 당시 우리나라에 와서 선교 활동을 하던 외국인들을 통해서 미용에 대한 눈을 뜨기 시작한 것이었다.

1920년은 근대사에서 여성들의 헤어스타일에 큰 변화를 안겨준 한 해였다. 영친왕과 결혼한 이방자 여사가 양장에 파마머리, 모자를 쓴 스타일로 한양 땅을 밟았다. 이숙종 여사가 높은 머리(일면 다까머리)를 했다. 뒷날 이화여자대학교 총장을 지낸 김활란 박사가 단발머리를 선보였다. 이들 신여성들의 머리 형태는, 당시 여성들의 헤어스타일에 혁신적인 변화를 일으키면서 한국 미용사에 파도를 일으켰다. 그 해 7월, 서울 종로 비원 앞, 운니동에 한국 최초의 '경성 미용원'이 등장했다.

벌생

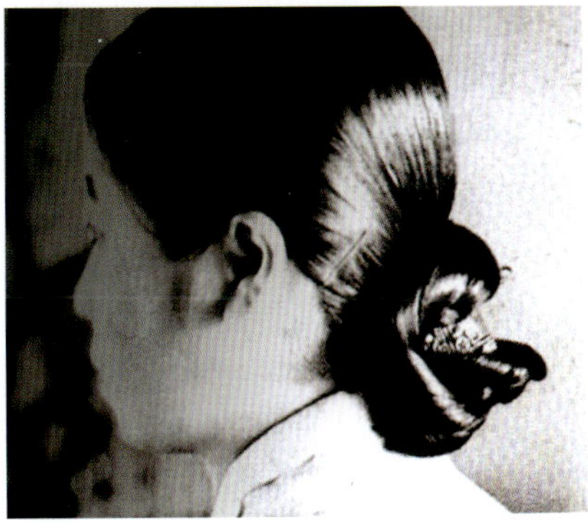

쪽머리

1933년 3월, 오엽주 여사가 일본에서 미용을 공부하고 돌아와 서울 종로 네거리 화신백화점 안에 '오엽주 미용실'을 개설, 장안에 화제를 뿌렸다. 그 뒤 일본인인 다나까(田中)가 서울에서 '다나까 미용학교'를 설립하여 미용사를 양성해 배출하기 시작했다.

6) 광복 이후

커트머리

1945년 조국 광복 이후, 김상진이 '현대미용학원'을 설립했다.

6·25 동란 이후에는 권정희 여사가 한국 최초로 '정화고등기술학교'를 세워, 미용 전문교육을 통해 미용사들을 배출하는데 열정을 쏟았다. 임형선 선생이 '예림고등기술학교'를 세워 그 뒤를 이었다.

광복 이후 1950년대에는 젊은 층은 단발머리 스타일을, 중년 여성은 낭자머리 스타일을 즐겼다.

1950년 이후에는 손쉽고 간편한 헤어스타일이 유행했다.

1954년 흑백 영화 「로마의 휴일」은 헤어스타일의 대변혁을 불러왔다. 왕녀와 신문기자의 사랑을 그린 이 영화는, 여성들의 옷뿐만 아니라 머리 모양에 있어서도 엄청난 유행을 몰고 왔다.

「로마의 휴일」 선풍으로 뒷머리가 짧은 쇼트 스타일이 유행, 뒷머리 형태만으로는 남녀의 구별이 어려워 '꽁지 빠진 머리'라는 유행어까지 생겨났다. 「로마의 휴일」 여주인공 오드리 햅번의 헤어스타일과 긴 머리의 더크(Duck) 스타일은 대유행을 일으켰다.

1955년에는 더크 스타일의 반대 스타일로, 웨이브를 준 포니테일 바람이 불기 시작했으며, 1957년까지 짧은 머리의 로맨틱 스타일이 넘쳐흘렀다.

1960년대부터는 프린세스 스타일이 유행되면서 나이와는 상관없이 트위스트 헤어스타일, 반 단발의 파마머리가 큰 유행의 물결을 일으켰다.

1970년대에는 초미니스커트 열풍을 타고 비달사순(Vidal Sassoon)이 창작한 기하학적인 헤어스타일이 강타했고, 1980년대에는 펑크헤어와 디스코 스타일이 유행했다.

1990년에 들어와서는 개성미를 추구하는 풍조와 함께 발랄하면서도 자연미가 넘치는 모럴이 정착되었다.

1980년대 이후, 국내 경제의 고도성장과 함께 여성들의 미용 개념도 높아져서, 미용업계는 양적인 팽창과 함께 질적인 고도성장을 거듭, 한국 미용은 일대 변혁기를 맞았다. 산업의 발달과 함께 여성들의 사회 진출도 크게 증가하면서 쪽진 머리 대신 커트나 파마 등 활동적인 헤어스타일이 유행했다. 이때부터 미용업은 새로운 부가가치를 창출하는 전문 직종으로 각광을 받게 되었다.

3. 서구의 미용 사조(美容思潮)

서구 사회의 근대 미용 사조는 '퍼머넌트 웨이브(Permanent Wave)'의 개발 이후와 단발머리 헤어스타일에 의한 '모던 걸(Modern Girl)'로부터 획기적인 대변화를 가져왔다고 보는 것이 미용계의 일반론이다. 서구 사회에서의 새로운 학문과 문화의 발달은 생활의 변모와 함께 외모의 변화를 불러왔다.

1900년대로 접어들면서, S자 실루엣에 자연스러운 헤어스타일 바람이 일어나면서 긴 머리 형태의 팜프도어 헤어스타일이 유행했다.

퍼머넌트 웨이브는 1905년 런던에서 미용 활동을 하던 찰스 네슬러(Charles Nessler)가 알칼리와 열의 원리를 이용한 히트 웨이브(열 파마) 기법을 개발한 것이 그 기원이다. 그러다가 1920년대에 단발머리 스타일 바람이 불면서 헤어스타일은 일대 변혁기를 맞았다.

극단적인 커트 기법의 단발머리는 여학생들을 비롯해 젊은 여성들에게 선풍적 인기를 끌면서 획기적인 전환을 초래했다. 일부 여성들에게서 자연스럽게 일어난 단발머리 헤어스타일은 여성계 전반으로 파생하여 단발형의 헤어스타일 바람을 몰고 왔다. 이로 인해 '단발 미인'이라는 유행어와 함께 현대 여성, 멋쟁이 여인이라는 '모던 걸(Modern Girl)' 바람이 서구 문명사회를 휩쓸었다.

이러한 서구의 개화된 헤어스타일은 당시 일급 무용수였던 최승희가 받아들여 단발 여인으로 등장, 서울 장안에 화제를 뿌리면서 한국 여성의 최첨단 단발 헤어스타일 시대를 열었다.

1930년대부터 시작되어 10여 년 동안 미국 해군 복장에서 유행되었던 세라복은 신여성의 교복 및 외출복으로 뿌리를 내리면서, 여성들의 헤어스타일도 이 심플한 복장에 맞는 단발머리 헤어스타일로 바꾸어 놓았던 것이다. 단발머리 미인에 대해서는 개화된 서구 사회에서도 논란이 많았다. 그만큼 여성의 헤어스타일을 바꾸었던 기폭제였다. 그러나 단발머리 헤어스타일은 서구 사회 모던 걸의 상징이었다. 서구의 단발머리 헤어스타일은, 1934년에 들어와 이화학당 여학생들의 긴 댕기머리를 바꿔 버렸다. 학생들의 단발머리 헤어스타일은, 간편하고 활동적이며 개성미가 있다 하여 일반 여성들에게도 크게 유행되었다. 그러면서 단순한 커트형의 단발머리는 단발머리 아랫 부분에 웨이브를 준 단발로 발전하고, 다시 퍼머넌트 웨이브로 발전했다. 1940년대의 트위스트 스타일, 1950년대의 버블 스타일, 푸들 커트, 포니테일 스타일, 1960년대의 벌집머리 헤어스타일로 이어지고, 비달사순의 기하학적 커트 스타일로 또 다른 변혁기에 접어들었다.

Chapter 03 미용의 발달 과정

1. 한국의 미용문화(美容文化)

한국의 근대 미용은 개화기 이후, 조국 광복, 6.25 전쟁과 산업 개발 등에 따라 급격한 변화와 발전을 거듭해 왔다.

한국 미용의 발달 과정은 앞에서 이미 삼한시대 → 삼국시대 → 통일신라시대 → 고려시대 → 조선시대 → 개화기 → 광복 이후로 구분해 시대별 유형과 특징 등을 기술했다.

1) 미용에 눈을 뜬 시기

우리나라 여성들이 새로운 문명과 근대 미용에 대해 눈을 뜨게 된 시기는 일제강점기 이후부터이다.

해외 유학파 신여성들에 의해 새로운 의상(衣裳), 헤어스타일, 화장(化粧) 기법을 국내에 소개한 것이다.

예를 들어, 신여성 교육의 문을 열어준 이숙종 여사의 높은 머리(일명 다까 머리), 김활란 여사의 단발머리가 우리나라 여성들의 헤어스타일에 대변화를 안겨주었다. 서울에 '경성미용원'과 '오엽주미용실'이 등장한 이래 파마의 열기가 서서히 달아올랐다. 초창기에는 파마머리를 한 여성들이 한낮에는 외출을 못했고, 부득이한 경우 머리에 수건을 두르고 외출했다. 당시로서는 가정주부들이 파마를 한다는 것 자체가 대단한 모험이었다.

파마한 사실을 남편에게 들켜서 꾸지람을 듣고, 파마머리를 풀

기 위해 미용실을 찾는 여성들도 많았다.

당시 파마는 '숙발'이라고 했다. 파마 기기가 시원치 못했던 그때는 40W의 전기 롤 24개를 머리에 말아 20~30분 동안 암모니아수 파마 액을 스며들게 한 뒤 푸는 방법으로 파마를 했다. 그러다가 유행의 선도자 격인 영화배우, 요정의 직업 여인들 사이에서 파마머리가 유행하면서 장안의 일반 여성들에게 일반화되기 시작, 파마 열풍이 불었던 것이다.

2) 6·25전쟁 이후

1950년 한국 전쟁으로 유엔군이 파견되어 주둔하면서 패션과 헤어스타일의 풍속도가 새롭게 전개되기 시작했다.

이때 등장한 것이 서양 여성 식의 롱스커트에 웨이브가 강한 파마 스타일, 빨간 입술연지나 매니큐어의 손톱이 일반 여성들에게도 전파되었다.

이와 함께 햅번 스타일, 스잔 헤어워드, 리타 헤어워드의 웨이브진 헤어스타일을 많이 모방했다. 그러면서도 파마머리의 유행은 한국 전쟁 중에도 계속 유행의 물결을 탔지만, 새로운 스타일로 이어지지는 않았다. 전쟁이 휴전으로 접어들고 사회가 안정되면서 여성의 의복과 머리 모양도 다양하게 변화되어 갔다. 이때 나타난 파마는 전기 파마, 콜드 콜드웨이브 파마 등 새로운 기법이 소개되고 유행의 물결을 탔다.

3) 산업의 물결과 미용

1960년대에는 경제 개발과 산업의 발달 등으로 머리 모양의 변화가 가장 많았다. 세슬 커트라 하여, 귀 양쪽 끝이 뾰족하게 뻗치는 커트에 의한 로켓 라인 기법이 유행했다.

1960년대 중반에는 가발 붐이 일어나면서 헤어스타일은 더욱 다양해졌다. 여자대학 주변에서는 불 파마가 유행되고, 뒤통수를 살려 조형미를 이루는 기하학적 헤어 커트 기법도 소개되었다.

1970년대의 새로운 커트 기법이 유행되고, 1980년대에 들어와서는 헤어 컬러의 바람이 불면서 한국 미용도 국제화 시대로 접어들었다.

미용 교육의 진흥과 육성 등으로 현재는, 미용 및 피부미용 관련 학과를 개설한 전국의 전문대학과 4년제 대학교에서 전문적으로 미용 인재들을 양성하고 있다. 이와는 별도로 기성 미용인을 위한 미용 재교육기관, 대학교의 사회교육원 과정을 통한 전문 아트 과정이나 최고지도자 과정 등의 다양한 훈련 코스도 개설되었다. 이러한 일들은 미용인의 실력을 학문적으로나 기술적으로 업그레이드시켜 주는 계기가 되었다. 전문 교육을 통해, 미용이 단순 기술적 차원이 아니라 전문 직종으로 우뚝 서고, 미용문화를 예술로 끌어올리면서 미용산업(美容産業)의 급진적 발전에 큰 기여를 하고 있다.

2. 중국의 미용문화

중국은 세계 4대 문명의 발생지 가운데 하나로 고대 문화유산이 많은 나라이다.

찬란한 민족역사를 지니면서 문명을 발달시킨 나라가 중국이다.

미용 기술과 헤어스타일도 민족에 따라 다양한 형태로 발전되어 왔다. 민족마다 독특한 문화의 형성과 예술적 변천에 따라 생활양식이 다르고 미용도 발전되어 왔으나, 오늘날의 미용은 동서양이 큰 차이가 없을 정도로 공통된 개념의 미용 예술로 발전되고 있다는 점이다. 민족이 다르면 언어가 다르고, 민족의 생활양상도 다른 것이 기본이다. 이와 마찬가지로 미용 기술도 민족마다 조금씩 다르고, 그 민족 특유의 문화 위에 미용 기술이 뿌리를 내리게 마련이다.

민족에 따라 이렇게 고정화되고 특수화된 미용 기술은 쉽게 변화할 수 없으며, 다른 외국의 새로운 사조를 쉽게 받아들여 접목시키기도 힘들다. 그러나 서양의 신진 미용기법이 국경과 민족을 초월하여 파고들면서 응용하기 쉽고, 생활에 간편함을 주면서, 동서양을 가릴 것 없이 미용 분야에서는 세계적으로 공통된 길을 걷고 있는 것이 오늘날 국제적인 추세이다. 이를 가리켜 모방 심리에 의한 욕구 만족, 또는 욕구 충족이라고 말한다.

1) 고대 문화의 후광

중국은 오랜 옛날부터 절세가인이라는 미인들이 많았다.

그 가운데 대표적인 인물이 양귀비였다. 양귀비는 재기가 넘치고 가무에 능했으며, 풍만한 육체의 미녀로 아름다워지고 싶은 여인들의 표상이 되었다.

중국은 찬란한 문화 예술과 함께 미용이 발달된 나라였다.

옛날 중국의 미용은 우리나라를 비롯해 동남아 지역 여러 국가에 많은 영향을 주었다. 문헌에 의하면, 중국은 기원전 2200여 년 전의 하나라 시대에 이미 분(粉)을 사용했다고 한다.

기원전 1150여 년 전의 은나라 때에는 연지 화장법이 발달하여 여성들을 아름답게 가꾸었다. 기원전 240여 년 전 진시황 때에는 아방궁 삼천의 여성들에게 백분과 연지를 바르고 눈썹을 그려, 더 예쁜 얼굴로 화장하도록 권장하였다. 당나라에 이르러서는 중국의 문화 예술이 동양 문화의 정상을 지키며 찬란한 꽃을 피웠던 시대였다. 이때 중국의 옛날 미용도 절정기에 이르렀던 것이다. 그 당시 중국의 미용은 머리카락을 높이 추어 올리는 형태와 내리는 것의 두 가지 형태가 있었다.

2) 눈썹 화장의 묘기

여성들은 액황을 이마에 발라 입체감을 느끼도록 했다.

백분을 바른 뒤에 다시 연지를 덧칠하는 홍장 화장법이 유행했다. 특히 중국 당나라 현종(A.D 713~755년) 시대에는 천하 미인으로 전해오는 양귀비가 등장해, 화장법과 헤어스타일에 새 바람을 불어넣었다.

양귀비는 현종의 총애를 받아온 미인으로 유명했다. 그 시절에 십미도(十眉圖)라 하여 열 가지의 눈썹 화장법을 만들었다는 일화도 있다. 그만큼 여성이 눈썹 화장에 신경을 썼다는 이야기이며, 눈썹 화장이 얼굴의 인상에 많은 영향을 주었다는 증거이다.

3) 자유화의 물결

19세기에 들어와 영국과 중국 간의 아편전쟁으로 서양 문물이 유입되면서 중국 미용은 새로운 시대를 맞았다.

1917년 문화혁명의 바람이 불기 시작, 생활에 큰 변화를 가져왔고, 태평양전쟁, 제2차 세계대전이 끝나고 사회주의 통치 체제로 고착되면서, 중국은 외세 문화와는 또다시 결별하는 만리장성을 쌓고 말았다. 그러나 시대적 변화와 개방의 물결은 그 누구도 막을 수 없는 것이다. 문화대혁명, 민주화 시위와 천안문 사태, 서방 국가들과의 교류 협정 등의 정치적 소용돌이를 겪으면서 중국의 사회주의는 변질, 굳게 닫혔던 중국의 만리장성은 그 문이 열리기 시작했다. 이러한 변화와 개방의 물결을 타고 중국의 미용도 탈바꿈을 시도했다. 고대 · 중세 · 근대 · 현대가 이질적인 변화의 양상을 보이며 서구화로 바뀐 것이었다.

지금 한국의 선진국 형 미용 프랜차이즈 기업들이 중국 대륙의 북경 · 상해 · 심양 · 대련 등 곳곳에 한국형 미용실 체인점을 개설, 한국 미용의 기술을 자랑하고 있다.

3. 서양의 미용문화

서양의 미용은 파라오 시대의 이집트 여인들의 헤어스타일에서 헬레니즘 시대, 르네상스를 거치면서 놀라운 발전을 거듭해왔다.

서양의 미용은 고대 · 중세 · 근대 · 현대 등 시대별로 다양하고도 이색적인 특성을 지니고 있다.

고대 이집트 · 그리스 · 로마를 거쳐 중세 · 근세로 이어지면서 발전했고, 근대로 넘어오면서 새로운 미용문화를 형성하고, 현대에 와서 그 찬란한 꽃을 피워내고 있는 것이다.

1) 고대 이집트

서양의 고대 미용은 아름다운 머리를 가꾼 파라오 시대의 이집트 여인들에게로 거슬러 올라간다.

파라오(pharaoh)는 고대 이집트 왕들의 호칭이다. 파라오는 최고 신관(神官)임과 동시에 전쟁의 최고 지휘권을 갖고 있는 절대 군주로서, 이념적으로 모든 토지와 백성은 그의 소유물이었다. 이집트는 세계 역사상 문명이 가장 먼저 발달한 4대 문명의 발상지 중의 한 곳이기 때문이다.

오늘날 세계 문명사를 볼 때, 문명이 가장 발달한 나라들은 유럽과 구미 지역에 몰려 있다. 그러나 고대 문명의 발상지는 아프리카의 이집트, 아시아의 메소포타미아, 인도의 서북부, 중국의 북부 지역이었다. 따라서 고대 미용의 원천은 이집트로 거슬러 올라가는 것이다. 뜨거운 태양 아래 나일 강변의 기름진 옥토를 부여

받은 이집트 사람들은, 자연의 은총을 이용하여 열심히 농사를 지어 농업이 발달하였다. 그들은 영원불멸의 사상을 믿었다. 이런 사상은 죽은 사람의 시신을 안치하게 되었다. 여기서 세계 7대 불가사이의 하나인 피라미드를 세운 것이다. 이집트 사람들은 무더운 기후에 적응하기 위해 여러 가지 방안을 생각해냈다. 고대 이집트 사람들이 무더운 기후를 이겨내는 방안의 하나로 생각한 것은 정말로 놀라운 아이디어였다.

2) 가발(假髮)의 지혜

고대 이집트에서는 파라오의 총애를 받는 귀부인들이 아름다운 가발을 사용한 반면, 사제들은 순결과 충성의 상징으로 머리카락을 짧게 자르는 삭발을 했다. 머리를 짧게 깎고, 그 위에 가발을 사용하는 지혜를 보여준 것이었다. 초기의 가발은 짧고 네모진 것이었으나, 차츰 복잡하고도 아름답고 세련미 넘치는 것으로 발전되었다. 사다리꼴 모양의 가발에다가 액세서리를 붙이고, 예쁜 리본이나 아름다운 생화를 달기도 했으며, 금실로 모자를 만들어 덧쓰기도 했다. 가발은 태양열을 막고 두피를 보호하는 과학적 소산물이었다. 가발은 머리가 짓무르는 것을 막기 위해 공기가 잘 유통될 수 있도록 만들었다. 가발의 재료는 사람의 머리카락이나 양털, 검게 염색한 종려나무의 잎 섬유를 가늘게 나눠 짜서 만들었다.

이 가발은 모자(帽子)의 시초가 되었다. 왕족들은 솔개미 털을 붙였고, 일반 여성들은 연꽃을 붙여 모자를 만들어 사용했다.

기원전 고대 이집트의 신왕조 시대에 황후가 가발을 사용해 외모를 아름답게 바꾸었고, 목을 감추어 위엄 있게 보이려고 했다는 기록이 전해온다. 이런 사실로 미루어 볼 때, 고대 이집트의

위를뤼베를뤼 스타일

미용사들이 사용한 미용 도구도 무척 다양하게 발달했던 것으로 보인다.

3) 헤나를 사용

왕과 왕비의 사랑을 위하여!

남자들은 찰랑찰랑한 긴 머리카락을 힘의 근원으로 여겼다. 그 단적인 예가 삼손이라고 할 수 있다. 필리스틴의 손아귀에서 예루살렘을 구하라는 신의 계시를 받은 그였다. 그러나 데릴라가 배반하여 삼손이 잠든 사이에 그의 머리카락을 싹둑 잘라, 힘이 없고 무기력한 인간으로 만들어 버리지 않았는가!

남성들의 이런 질투적인 심리는 여성에게서 더 잘 나타났다. 찰랑찰랑한 긴 머리카락을 가진 여성에게 말할 수 없는 미묘한 매력과 깊은 사랑의 충동을 느끼는 것이 남성들이다. 사랑하는 딸들의 머리에 가짜 머리와 가발로 단장을 해주고, 곱슬머리에 그윽한 향내를 피우는 아름다운 자태로 치장하게 했다는 이사야의 예언에서 그런 의미를 음미할 수 있다. 나일강 유역의 진흙에 헤나(Henna)를 개서, 두발이나 두피에 발라 두발에 컬(curl)을 만들어 태양열을 차단하는 슬기도 보여주었다. 이는 바로 알칼리 토양의 알칼리와 열을 이용한 퍼머넌트의 기원이라는 지적이다. 헤나를 염모제로 사용했다는 최초의 기록은 B.C 1500년경이다. 그들은 당시에 문화와 미용에 관한 기록들을 피라미드에 남겨놓았다. 피라미드 속에 남겨놓은 유물들 가운데서 그 당시의 거울, 면도칼, 매니큐어용 도구, 눈썹 그리는 연필, 크림 용기 등이 쏟아져 나왔다.

흑색과 녹색으로 눈화장을 했고, 눈가에는 흑색으로 선을 그렸다. 붉은 찰흙에 샤프란 꽃을 조금씩 섞어서 얼굴에 붉게 칠했고, 입술연지로도 사용했다. 이들은 화장품과 향수의 제조법에도 비상한 솜씨를 보여준 것으로 보인다.

비너스상

4) 그리스 시대

그리스 시대 가장 일반적인 헤어스타일은 그 유명한 '미와 사랑의 여신' 상인 밀로의 비너스(Venus)에 의해서 널리 알려졌다.

이 시대의 헤어스타일은 두발을 자연스럽게 묶거나 머리카락을 중앙에서 나눠 뒤로 틀어 올린 고전적인 헤어스타일이 많았다.

링렛트와 나선형의 컬을 여러 겹으로 쌓아 겹친 것 같은 키프로스풍의 두발형도 이 시대에 유행했던 머리 형태이다. 그리스 시대에는 전문적인 결발사들이 나타나서, 결발술(結髮術)이 크게 번성하였다. 이 시대에 사상 처음으로 남자 이용원이 등장했다. 남자 이용원은, 일종의 사교 클럽으로 인기를 끌었다.

그리스 시대의 화장법으로는 백분과 백연을 사용한 화장법이 생겼는데, 이는 서구 사회에 큰 영향을 미쳤다. 그리스 사람들은 예술, 건축, 미술, 철학 등의 발달로 개개인의 가치를 매우 존중했다. 이것은 그들 나름대로 문화 발전의 원동력이 되었다.

5) 리듬과 율동감 창조

인간의 자연스러운 육체미를 숭상했던 그리스 사람들은 인체의 곡선에 따라 의복의 주름이 생기는 것을 발견하고, 이를 토대로 리듬과 율동감을 창조해 냈다. 서구 여성들은 금발의 머리카락을 길게 늘어뜨려 자연미를 자랑했다.

그리스 문화에 영향을 주었던 크레타 시대의 여성들은, 앞머리를 곱슬곱슬하게 컬(curl)로 만들고, 옆에는 작은 고리 모양으로, 뒷머리는 그대로 늘어뜨리거나 섬세하게 빗어 묶는 시니욘 스타일을 보여주었다.

아테네 국립고고미술관에 소장된 기원전 4세기경의 자료 가운데서, 긴 머리를 묶어 목

퐁탕주 스타일

털미 위로 올린 시니욘(chignon) 헤어스타일이 발견되었다. 이 시니욘 헤어스타일에 여러 색깔의 스카프 또는 금실로 짜서 만든 망에, 사이사이에 진주를 끼워 넣어 머리 모양을 더 한층 아름답게 장식한 것이었다. 그 뒤 머리 모양은 점차 정교함을 보이기 시작했다.

6) 머리핀 사용

머리핀과 베일도 장식품으로 사용했다. 머리핀은 상아나 금속으로 만들어 금박을 하거나 보석을 박아서 모아진 머리 위에 꽂았다.

베일은 마, 비단, 모 등으로 만들었는데 흰색이 가장 많았다. 머리핀의 사용은 여성들의 헤어스타일을 바꾸는 포인트로 작용하면서, 여성들의 머리 치장은 놀라운 변화를 가져왔다. 놀라운 변모를 가져온 것은 역시 궁정의 여인들과 귀족들, 그리고 부르주아 그룹의 여성들이었다.

이 시대의 여성들은 머리에 핀을 꽂거나 띠를 둘렀으며, 머리채가 엉덩이까지 내려오도록 하였고, 머리채의 한 부분을 베일로 감싸서 아름다움을 연출했다.

7) 로마 시대

로마 시대 초기에는 그리스 시대의 헤어스타일을 대부분 그대로 이어왔다.

웨이브나 컬을 내는 헤어스타일을 많이 사용하였다. 가발도 여전히 많이 쓰면서 두발을 아름답게 장식했다.

로마 시대의 여성들은 노예로 잡혀온 북방 이민족의 갈색 머리를 모방해 만든 탈색 헤어 블리치, 염색 헤어 다이 새로운 헤어스타일로 관심을 끌었다. 로마 시대의 화장품으로는 그리스 시대와 마찬가지로 백분이나 백연을 주로 사용하였다. 입술연지로는 식물성 연료를 주로 썼다. 그밖에 고체 크림, 액체 크림, 분말 향료 등도 사용하였다. 이런 것들을 담기 위한 용기의 제작 기술도 발달했다. 지금 유럽에서 인기를 끌고 있는 후란기파니 향료는 로마 시대 귀족이었던 후란기파니가 처음 만들어 낸 것이었다. 그것을 13세기 후에 그의 후손인 멜그치 후란기파니가 향료에 알코올을 가미해서 향수를 만들어 유럽 시장에서 팔기 시작하여 대단한 인기를 끌었다.

로마의 상류층 여인들은 노예들에게 머리를 빗게 했고 염색도 시켰다. 그들은 특히 금발을 좋아하여 황색으로 머리를 염색했다. 금발의 머리에 여러 가지 장식을 사용하여 아름다움과 멋을 내려고 노력했다. 당시 로마 여인들이 머리 장식품으로 썼던 것 가운데는 금이나 은 또는 상아로 만든 머리핀이 있다. 이 머리핀 끝에는 비너스나 큐피트 또는 그런 유형의 형태를 본뜬 장식품으로 단장되었다.

8) 중세의 미용

중세에 이르러 의학의 한 분야로 여겨 오던 미용이 의학에서 분리 독립되어 14세기 초부터 전문 직종으로 독자적 길로 접어들었다.

프랑스의 캐더린 오프 메디시 여왕이 이탈리아의 유명한 결발사 · 가발사 · 화장품 제조기사 등을 파리로 초대하여 그 기술을 프랑스 사람들에게 선보였다. 이는 1789년 프랑스 혁명 이후에 근대 미용의 기원을 구축하는 중요한 전기가 되었다.

17세기부터 전문 미용사들이 등장 여러 가지 헤어스타일을 창작 발표하면서 미용은 새로운 직종으로 떠올랐다. 이 당시 여성들을 위한 최초의 결발사인 전문 미용사는 남성인 샴페인(Champagne)이었다. 그는 파리에서 미용실을 오픈하여 큰 성공을 거두었다. 화장에 있어서도 고대에서부터 사용되어 온 백연과 백분 등의 화장품이 그대로 쓰여 졌다. 그러나 이들 화장품은 매우 유독한 화장료를 그대로 쓴 것이므로 위험 요소가 많다는 지적이 계속 쏟아졌다. 여기서 여러 가지 실험과 연구를 거듭한 끝에 비누를 만들어 내는데 성공했다. 비누의 제조는 13~14세기에 이르러 매우 중요한 산업으로 발전되는 계기가 되었다.

9) 십자군의 위력

미용에서도 전쟁의 여파가 엄청난 변화를 안겨주었다.

중세 유럽 대륙을 휩쓸었던 십자군전쟁이 바로 그것이다. 십자군은 이탈리아 사회에서 봉건사회를 무너뜨리고 신흥 시민계급 사회의 개막을 불러들였다.

이는 다시 문예부흥의 르네상스(Renaissance)를 불러왔다. 르네상스는 본래 '재생(再生)'이라는 말이지만, 학술과 예술의 혁신 운동을 가리키는 말이다. 인간성의 존중, 개성의 해방을 목표로 그리스와 로마의 고전 문화의 부흥을 부르짖은 운동이다.

르네상스로 의복의 변화와 함께 머리 형태와 머리 장식에도 변화의 바람이 불기 시작한 것이다. 중세 말기에는 머리 전체를 덮었던 장식이 사라지고 머리의 자연스런 아름다움을 나타내는 방향으로 변화했다. 여인들은 자기가 좋아하는 색깔로 머리 염색을 했는데, 황금색이나 갈색, 붉은색이 많았다. 향기로운 머리 분을 사용하여 청결하고도 향내가 나도록 머리를 다듬었다. 머리 모양도 나폴레옹 시대로 들어오면서 '엠파이어 스타일'이라는 모양이 한 때 유행을 일으켰다. 이 말은 나폴레옹 시대를 맞아 어딘가 이질적이고도 어색하며, 기묘하여 불규칙하다는 의미에서 붙여진 이름이었다.

10) 근대 미용

근대 미용은 끊임없는 연구와 기술 개발에 헌신한 사람들의 노력으로 균형을 이루면서 눈부신 발전을 거듭해 왔다.

마르셀 그라또

근대 미용에서는 1830년 로맨틱 시대를 열면서 여성스러움을 강조하여 우아하고도 아름다운 헤어스타일의 새 풍조를 엮어내기 시작했다. 그 대표적인 예는, 아폴로 노트 스타일로 프랑스 일류 미용사 무슈 끄로사뜨가 고안해 창작한 작품이었다. 이 창작 헤어스타일은 프랑스와 영국 전역에서 대 유행을 불러일으켰다. 한 때 잠잠하던 체계적인 마사지 기법이, 다시 영국에서 일어나면서 활기를 보였다.

19세기는 미용 연구와 기술면에서 획기적인 변혁을 이룩한 시기였다. 프랑스의 마셀 그라또우가 「마셀 웨이브」 방법을 고안해 인기를 끌었다. 과산화수소를 블리치 제로 사용하기 시작했고, 합성 유기 염료가 개발되면서 두발 제품 생산의 신기원을 구축했다. 영국의 찰스 네슬러가 처음으로 퍼머넌트 웨이브 스타일을 창안해 미용계에 일대 변혁을 안겨주면서 퍼머넌트 웨이브에 대중들이 환호하는 이변을 낳았다.

퍼머넌트 웨이브 기법은 마신히트 웨이빙, 크로키놀법 등으로 단점이 보완되거나 보충되면서 기능과 능률 향상 면에서 놀라운 발전을 거듭했다. 화학 약품만으로 만드는 콜드 웨이빙을 영국의 스피크먼이 개발하는데 성공을 거두었다. 그 이후로 산성 중화 샴푸 제품, 산성 중화 컨디셔너 제품, 산성 중화 퍼머넌트 제품 등이 잇따라 출시되어 미용은 눈부신 발전을 거듭하며 오늘에 이르렀다.

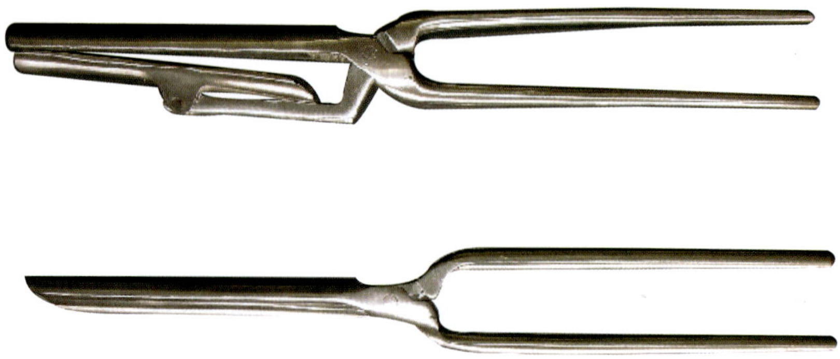

아이론

Chapter 04
미용과 기술(技術)

1. 헤어와 실기

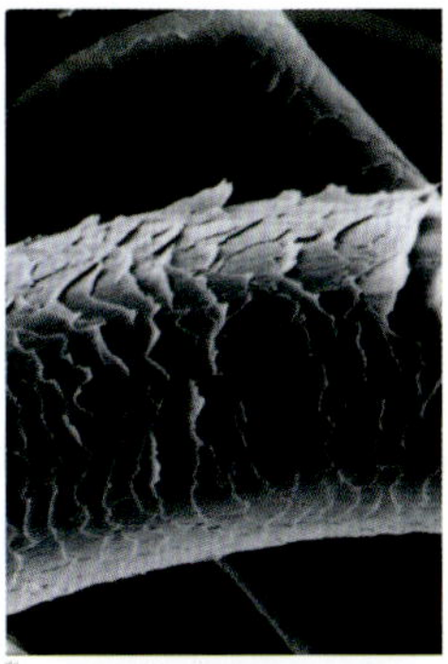

헤어스타일(Hair Style)이라고 할 때 일반적으로 머리모양을 말한다. 그러나 헤어의 정의는 털이라고 하는 넓은 의미로 해석되고, 그 범위는 실 같은 물질로 온 몸에 널리 퍼져 있는 것으로 매우 다양하다. 우리 몸에서 털이 없는 곳은 입술, 손바닥 등 극히 일부분에 불과하며, 털의 형태는 달라도 피부 전체에 퍼져 있다.

1) 털의 특징과 종류

털은 굵기, 길이, 자라는 비율 등에 따라 각기 특징을 지닌다.

두피의 모발(毛髮), 눈썹, 수염, 수모, 음모 등으로 종류도 다양하다.

털의 기능은 외부 마찰과 추위 등으로부터 우리 몸을 보호해 주는 동시에, 몸을 장식해 주는 기능을 가진다. 그런 가운데서도 겉으로 보이는 외모에서 헤어가 차지하는 역할과 기능의 비중이 매우 크고 중요하다. 헤어에 따라 헤어스타일과 헤어 컬러링에 따라 그 사람의 외모는 상당한 변화를 가져오기 때문이다.

케라틴이 헤어의 화학적 서비스를 해주면서 헤어스타일을 바꿔주는 것이다.

젖은 머리를 로드에 말아서 화학적 환원제의 약품을 사용하여 말리면, 본래의 결합이 깨지면서 중화제의 새로운 결합으로 재구성된다. 헤어는 가장 안쪽의 보드라운 털 수질과 질감 · 탄력 · 감촉 등을 나타내는 중간층의 털 피질, 그리고 가장 바깥쪽에서 헤어의 내부를 보호하는 투명한 비늘 상의 털 소피의 3개 부분으로 나뉜다. 헤어스타일의 변화나 컬러링은 대부분이 바로 털 피질에서 형성된다.

2) 털 피질(毛皮質 : Cortex)

털 피질은 두발의 색상을 나타내는 멜라닌을 함유하고 있다.

헤어의 본래 색깔은 염색소의 조화로 노랑 · 빨강 · 살색 · 검정색으로 형성된다. 헤어의 염색이나 탈색은 바로 털 피질의 멜라닌 색소를 파괴하여 다른 색상으로 변화를 일으키는 미용의 주요 작용이다.

3) 헤어의 다양성

일반적으로 헤어라고 할 때 미용과 직결된다. 헤어스타일을 만들어 내는 사람을「헤어 디자이너」또는「헤어스타일리스트」라 하고, 헤어 컬러링을 하는 사람을「헤어 컬러리스트」라고 부른다.

헤어스타일과 헤어 컬러링에 관한 것이나 헤어와 관련된 피부, 모발 건강과 질병 등을 연구하는 분야를 모발학(毛髮學)이라고 한다.

그런 일을 하는 사람을 트라이콜러지스트(Trichologist)라고 통칭한다.

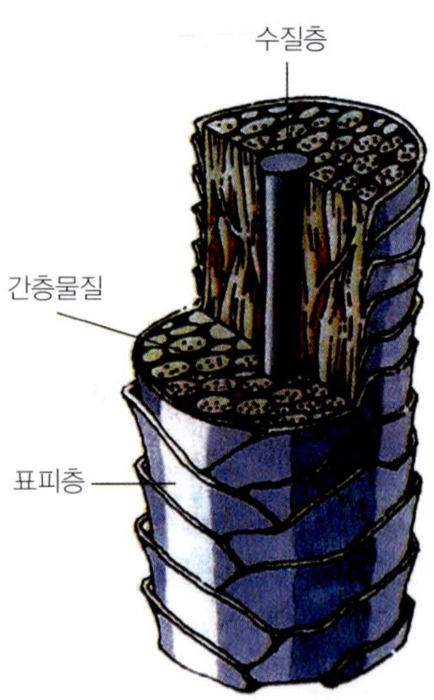

모근보의 구조도

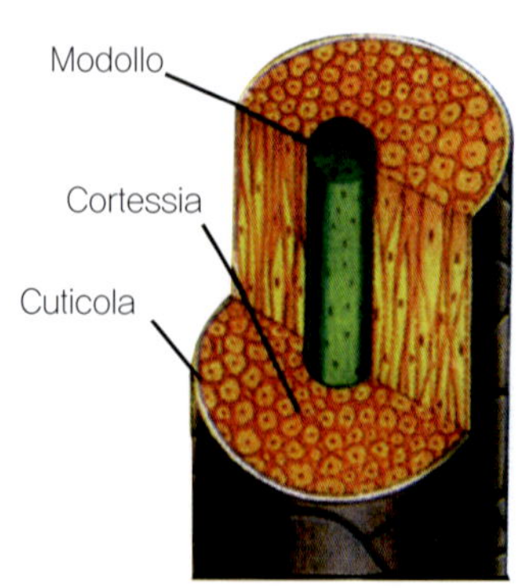

2. 피부와 실기

미용에서의 헤어와 피부는 불가분의 분야이다. 바늘과 실의 사이 같은 셈이다. 헤어만 아름답게 가꾸어 주는 일은 완전한 미용 서비스라고 볼 수 없다. 헤어스타일의 창출과 함께 피부 화장에도 신경을 써야 한다.

1) 헤어와 피부

많은 사람들이 헤어와 피부는 별개의 것이라고 생각하고 있다. 이러한 생각은 헤어가 머리카락을 전문적으로 다루는 직종이고 피부는 머리카락과 관계없이 피부만을 다루는 특수 파트라는 개념에서 비롯된 것이다. 일반적으로 볼 때, 그 영역과 하는 작업은 다르다. 그러나 인간의 얼굴을 다루는 미용이라는 카테고리로 볼 때는 하나의 종합적 영역이라고 보는 사람들이 많다. 피부를 떠나 헤어스타일만 가꿀 수도 없고, 헤어스타일이 없는 얼굴 미인을 생각할 수도 없기 때문이다.

헤어와 피부는 각기 특성을 살려가며 인간의 외모를 아름답게 가꾸는 미용 전문직종이기 때문에 함께 육성 발전되어야 한다는 것이 미용계의 대세론이다.

2) 에스테티션(Esthetician)

우리는 피부를 말할 때 「에스테티션」이라는 말을 쓴다. 그러나 에스테티션은 피부를 과학적으로 보호하고 아름답게 손질해주는 사람을 일컫는 단어이다. 우리 몸에서 피부는 그 면적이 가장 넓고, 조직 또한 매우 중요하며, 체온 조절과 자극의 전달 등 중요한 기능을 갖고 있다. 피부의 무게는 체중의 16%를 차지하고 있으며, 피부는 표피(表皮), 진피(眞皮), 피하(皮下)의 3조직으로 구분되어 있다.

3) 표피(表皮)

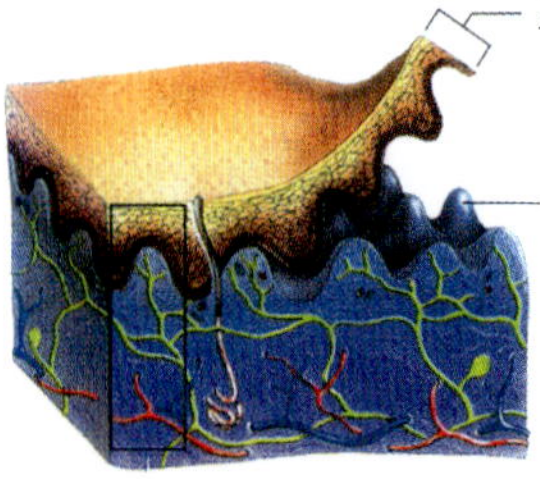

표피는 피부의 가장 바깥쪽이다. 표피는 크림이나 화장수로 손질하는 각질층 · 피부를 보호하는 울타리 격의 투명층 · 이물질의 침투를 방어하는 과립층 · 멜라닌 세포로 연결도어 피부 건강과 피부 미용에 중요한 구실을 하는 유극층 · 피부 색깔을 결정하는 세포 보관처인 기저층 · 멜라닌 세포를 생산하는 멜라닌 세포층의 5개 층으로 형성되어 있다.

멜라닌 세포층은 피부의 색소를 만드는 생산 공장으로 여기서 생산되는 멜라닌 소체(素體)가 계속적으로 각질 형성 세포로 옮겨진다. 민족마다 피부색깔이 다른 이유는 멜라닌 소체, 다시 말해서 색소 과립의 수와 크기에 따라서 달라진다. 멜라닌은 자외선 · 스트레스 · 임신과 출산 · 소화기 계통의 장애 등 여러 요인으로 인해 양이 증가된다는 것이 전문가들의 공통된 지적이다.

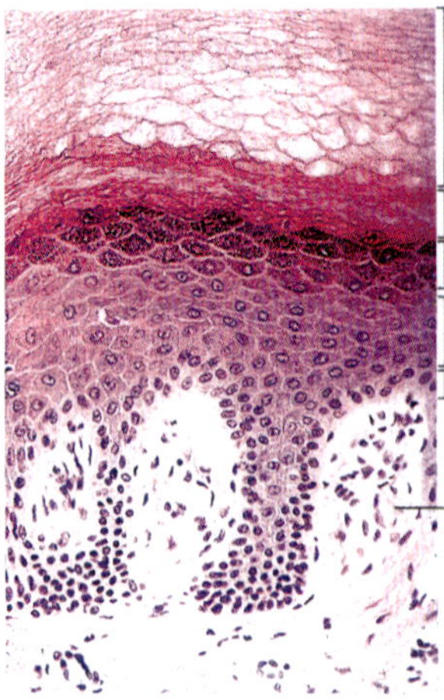

4) 진피(眞皮)

진피는 표피를 보호하고 지탱해 주는 피부를 말한다. 모세혈관이 퍼져 있고 피부의 영양분 공급 · 감각 · 분비 등의 기능을 맡고 있다. 진피는 대사 활동을 하는 유두층 · 피부의 강도와 탄력을 유지해 주는 망상층으로 구분된다.

5) 피하(皮下) 조직

피하 조직은 체온과 근육의 신축을 조절하고 신체활동을 원활하게 끌어주고 외부 압력으로부터 몸을 보호하는 지방성 피부이다. 피부의 생명은 윤기 · 탄력에 있다고 해도 과언은 아니다.

자외선을 적당히 쬐면 피부 지방에 들어 있는 프로비타민이 비타민 D로 전환되어 피부를 강하게 해 주고 빈혈 · 구루병 · 피부병 등에 효과가 있으나, 자외선을 과도하게 쬐면 피부가 거칠어지고, 주름이 생기는 등 노화를 촉진시켜 해롭다. 계절에 따라 피부에 영양을 공급해주는 일, 화장수 · 로션 · 크림 등을 통해 피부의 건강과 저항력을 높여주는 일들이 필요하다.

산업의 발달 직업의 다양화로 직업병에 시달리는 사람들이 늘어나고 있다. 화장품 · 파마 제품 등의 오용 및 남용도 피부 노화를 촉진시킬 수 있으므로 피부 관리 시술에 신중을 기해야 할 것이다. 피부는 혈액의 산성도가 높을 때 과민 반응을 일으킨다. 때문에 알칼리성 식품과 산성 식품에 주의하는 것도 피부 관리에서는 빼놓을 수 없는 사항이다.

3. 기술과 연마

오늘날의 미용 개념은 단지 얼굴의 아름다움에만 국한하지 않고 몸 전체의 조화로운 미를 추구하는 토털 미용으로 바뀌고 있다는 점이다. 이런 현상은 특히 젊은 여성뿐만 아니라 중년층, 노년층을 가리지 않고 확산되어가고 있다.

본래 아름다워지고 싶은 것은 인간의 기본 욕망이며 본능이다. 미용의 궁극적 목적은 아름다워지고자 하는 인간의 미적 욕구를 충족시켜주자는 데 있다.

1) 신기술의 습득

인간의 용모를 보다 아름답게 가꿔주는 일이 미용의 본질이자 목적일진대, 다양하게 변화되어 가고 있는 미적 욕구를 충족시켜 주기 위해서 더욱 노력해야 한다. 새로운 제품들이 홍수를 이루듯 출시되고 새로운 미용 기기와 미용 기술도 어제가 먼 옛날처럼 멀어져 가는 것이 오늘의 미용계 추세이다.

전신의 아름다움 헤어 · 피부 · 메이크업 · 네일 · 의상 · 패션까지 조화로움을 갖춘 조형미인(造形美人)을 추구하는 현실에 부응하기 위해서는 새로운 첨단 시술기법 · 미용 기술 · 용품의 올바른 활용법 등을 숙지해야 한다. 따라서 미용인은 토털 미용사의 개념으로 다시 태어나야만 한다. 그렇게 하려면 새로운 이론과 제품 · 기술에 대한 부단한 학습과 연구, 연마가 필수적이다. 미용에 대한 단순 기술적 의미나 자신감만으로는 현대적 첨단 토털 미용을 구사하기 어렵다. 어제까지의 미용사는 과거 미용 사조나 교육에 의한 노하우만으로도 인정받고 관록을 주장할 수 있었다.

2) 내일의 비전을 제시

오늘을 리드하는 미용사 적어도 내일의 비전을 제시할 수 있는 미용사가 되지 않고서는 기술적으로 인간적으로 존경받는 전문인 기술력을 겸비한 미용인으로 우뚝 설 수 없다는 것만은 분명하다. 고객의 요구가 다양해지고 고객의 미용관이나 상식도 매우 높아지고 있는 것이 오늘의 현실이다.

고객의 요구에 따라 자신이 쌓은 기술적 토대와 풍부한 경험을 가미해 자신만의 노하우를 구현하면서 고객이 요구하는 아름다움을 창출하기 위해, 기술적 연마와 이론적 습득을 꾸준히 해야 함은 필수불가결한 과제로 다가오고 있다.

3) 현대 토털 미용

현대 사회에서의 미용은 토털 미용이다.

미용사의 지식과 기술을 바탕으로 한 시술 방법에 의해, 새롭고도 독특한 헤어스타일이 창출되고, 이상적인 미의 형태로 표출되기 때문에 시술 과정과 시술 방법은 매우 중요한 요소가 되고 있다. 따라서 오늘날의 전문 미용사들이라면 미용의 모든 분야를 통달하는 장인(匠人) 정신과 달인(達人) 경지의 미용 관념과 심미안을 길러야 한다. 이런 일은 설명만으로는 안 되고 새로운 이론을 암기하는 두뇌적인 학습만으로도 어려운 일이다. 두뇌와 지혜, 실기와 연마, 이해와 응용이 총체적으로 조화를 이룰 때만 가능하다.

인간의 조건은 특히 전문직종의 종사자에게는 모든 것에 완벽할 수 없도록 되어 있다. 때문에 한 사람의 전문 미용인이 헤어 · 피부 · 컬러 · 메이크업 · 네일 등을 통달한다는 일은 절대 불가능하다. 그러나 불가능을 가능하도록 만들려고 노력하는 인간이 되어야 한다. 그런 노력을 하는 미용인은 아름다움을 생산할 수 있는 미적 창조자이다. 투자하지 않은 불로소득은 없다. 고객을 위해 부단히 연구하고 기술 연마를 한다는 것은 바로 자신을 위해 전문 미용인으로 성장하기 위한 재투자인 것이다.

Beauty&Hair Art

ESPRIT

가슴에 담아두면 언제나 힘이 되는 말들! (빌게이츠의 명언)

인생이란 원래 공평하지 못하다. 그런 현실에 대하여 불평할 생각하지 말고 받아들여라.

Life is not fair – get used to it.

시간관리를 위해 계획을 수립하라.

오늘을 놓치지 말라 .

3분간 열심히 휴식하라.

반드시 해야 할일은 하라.

Chapter 05 미용사의 교양과 윤리

1. 미용과 지혜

현대미용은 단순 숙련공의 기술적 차원이 아니다.

심미안적인 미용관념으로 고객의 용모를 아름답게 창조해 줘야 하는 고도의 서비스 산업적인 기술 분야이다. 그래서 미용인에게는 부단한 노력과 강인한 인내력, 투철한 직업관이 필요 이상으로 요구되고 있는 것이다.

1) 기술의 한계성

미용사에게 커트나, 파마, 또는 컬러를 맡길 경우, 그 결과는 어느 정도 기대하지만 새로운 예술적 헤어스타일을 미리 예상할 수는 없다는 것이 일반론이다. 때문에 미용인은 고객의 주문을 바르게 이해하고 시술하여 고객이 만족할 수 있는 헤어스타일로 만들어 주어야 하는 어려움이 따른다. 그런 까닭에 미용은 창조적 지혜가 필요하다고 말한다.

인간의 기술은 유한하나, 그 지혜는 무한하다는 것이 일반론이다. 그러나 미용에 있어서 기술과 지혜는 매우 깊은 상관관계가 있다고 본다.

기술력이 받쳐주지 않는 지혜는 쓸모가 없고, 지혜가 정립되지 않은 기술이라면 발전 가능성이 희박하기 때문이다.

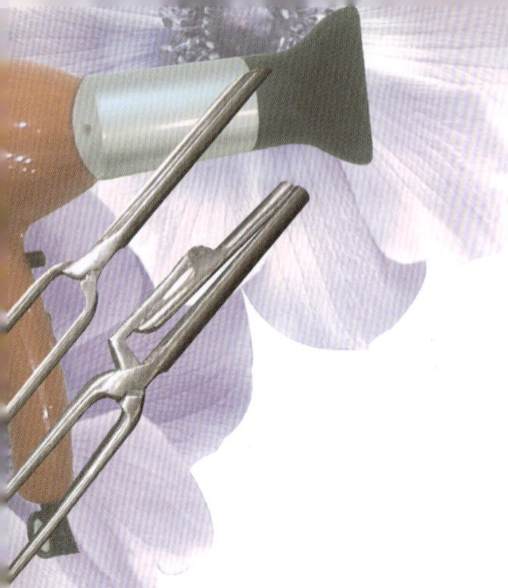

2) 기초는 확고하게 정립

숙련성의 기술과 창조성의 지혜가 조화를 이룰 때, 미용에서는 새로운 헤어스타일을 창출해 낼 수 있다는 것이 하나의 진리이다. 기술은 하루아침에 이루어지는 것이 아니다.

기초 이론과 응용 기술이 확고하게 다져져 있어야 창조가 가능하다. 어떤 건물이건 기초가 확실하고 튼튼하지 않을 때는 온전하게 지탱하기 어렵다는 것이 기정사실인 것처럼, 미용에서의 기초는 바로 주춧돌과 같은 것이며 매우 중요한 요소다. 기초가 튼튼하고 지혜로운 미용인에게는 성장과 발전의 토대가 구축되어 있으며, 여기에 노력을 가미하면 성공은 보장되어 있는 셈이다.

2. 교양과 윤리

품성의 미는 이 세상 모든 미 중에서도 가장 아름다운 것이라는 말이 있다. 영국이 대영제국을 구사하며 세계를 지배하고 있을 때의 일이다. 그 당시, 영국의 황금 영토라고 불리던 식민지가 바로 인도였다. 그런 영국인들이 세계적 문호인 셰익스피어를 인도에 빗대어 "인도와도 바꿀 수 없다."라고 갈파했다.

영국이 낳은 최고의 문호 셰익스피어는 이런 말을 했다.

> 여성을 아름답게 해주는 것은 그 미용이다.
> 여성을 교만하게 해주는 것은 그 미모이다
> 여성을 칭찬받게 해주는 것은 그 덕행이다.
> 여성을 신성하게 해주는 것은 그 예용이다.

셰익스피어의 말 가운데서 다시금 생각하게 하는 것은 "여성과 예용(禮容)"이라는 말이다.

예용은 바로 여성의 예절바른 용모 · 매너를 말하기 때문이다.

1) 교양(敎養)

교양은 현대인에게 필수적인 덕목 사항이다.

일반적으로 교양을 말할 때는,

① 가르쳐 기르는 것을 의미한다.

② 문화 · 기술에 관한 평범한 지식을 쌓아 길러지는 마음의 윤택함이다.

③ 전문적 분야의 지식 또는 학문을 말한다. 미용은 현대 서비스 산업시대에서 비전 있는 확실한 전문직이므로, 미용인에게 요구되는 교양은 바로 위의 ②나 ③을 의미한다고 볼 수 있다.

2) 윤리(倫理)

윤리는 사회생활의 근본이 되는 질서와 규범을 말한다. 일반적으로 윤리를 말할 때는,

① 사람이 지켜야할 도리로, 곧 실제 생활에서 필요한 도덕과 질서의 규범이 되는 원리이다.

② 인간이 지켜야할 근본 덕목의 인륜이다.

③ 사회적 인간관계에 있어서 도덕적 의욕과 행위를 규정하는 도덕의 범절, 인륜의 근본 철학을 의미한다.

따라서 다양한 인간관계를 형성하며 개인적인 삶과 미용이라는 영업을 해야 하는 전문인에게는 윤리 의식이 매우 투철해야 한다.

미용사라고 하는 직업인으로서의 윤리적 측면에서 볼 때, 미용사의 언행은 매우 정숙하고 품위가 있어야 한다는 것이다.

윤리라는 포괄적 개념은 도덕과 거의 같은 광범위한 행동 · 예의 · 규범으로, 법률이나 풍속과는 다른 차원이며, 사회적 · 개인

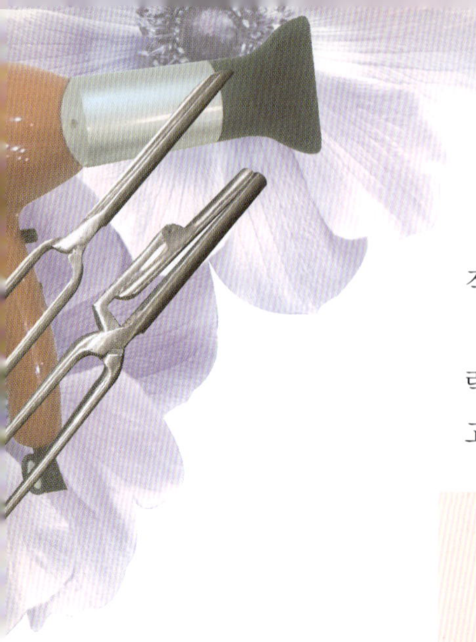

적 행동의 규율 또는 규범이라는 점이다.

대한미용사회중앙회가 제정한 미용사의 〈윤리강령〉도 그런 맥락에서 전국 미용인들에게 성실한 준수와 철저한 이행을 권고하고 있는 것이다.

> 대한미용사회 윤리강령(倫理綱領)
>
> 1. 미용사는 국민의 한 사람으로서,
> 준법정신(遵法精神)에 투철하며
> 국가 발전과 국민보건 향상을 위하여 헌신하여야 한다.
> 2. 미용사는 미용문화 창달을 위하여 그 사명감(使命感)에 충실하고,
> 공중위생에 대한 실천자가 되어야 한다.
> 3. 미용사는 미용의 전문가(專門家)로서
> 항상 새로운 지식을 연마하여,
> 참신한 미용기술 발전에 기여하여야 한다.
> 4. 미용사는 미용의 공익성(公益性)을 지켜야 하며
> 미용의 정상적인 발전을 위하여 상호 협조하고,
> 질서 확립에 최선을 다하여야 한다.

3. 전문인의 자세

미용인에게는 '전문인'이라는 명칭이 항상 따라 다닌다.

전문인이라는 말의 이면에는 사회적 소명과 책무가 요구되고 있기 때문에, 그 자세와 언행에 제약이 따를 수밖에 없다.

1) 직업윤리에 충실

전문인으로서 반드시 지켜야 할 도덕과 규범이 있고, 직업 윤리가 있다.

도덕이란 정해진 규칙 안에서 정직 · 성실 · 신용으로 사물을 다

루는 것을 말한다. 따라서 전문 미용인이 되기 위해 학업과 기술을 익히는 학생은 물론, 전문 미용인의 길을 가고 있는 현업의 미용사들도 인간관계에서 신뢰를 바탕으로 정직하고 성실하게 행동하면서 국가와 사회 발전에 기여해야 하는 것이다.

전문인으로서 지녀야 할 덕목으로는, 다음과 같은 여러 가지 항목을 생각해 볼 수 있다.

① 교양과 예의
② 친절과 봉사
③ 정직과 신뢰
④ 존경과 사랑
⑤ 책임과 의무
⑥ 상호 협동과 협력
⑦ 질서와 법률 준수

2) 미용 일을 할 때의 자세

미용사들은 고객을 맞아 시술 할 때는 거의 서서 일하거나 서비스를 해야 하는 경우가 많다. 미용 일을 할 때의 자세로 바람직한 사항은, 다음과 같은 여러 가지 항목을 꼽을 수 있다.

① 바른 자세로 똑바로 선다.
② 가슴을 펴고 턱은 수평이 되도록 한다.
③ 어깨에 힘을 주지 말고 긴장을 푼다.
④ 아래 배를 내밀지 않는다.
⑤ 한쪽 발을 자주 움직이지 않는다.
⑥ 체중의 무게 중심을 바르게 취한다.
⑦ 허리를 뒤틀거나 다리를 꼬지 않는다.
⑧ 발바닥을 바닥에 붙이고, 무릎은 부드럽게 세운다.

3) 미용사가 주의할 사항

전문인인 미용사가 자신을 위해 동료들 간에, 고객을 위해, 반드시 주의해야 할 점도 여러 가지가 있으나, 그 중 몇 가지를 나열한다.

① 건강과 청결함을 지킨다.
② 예의바른 행동을 한다.
③ 정숙한 몸가짐을 한다.
④ 말씨는 곱고 부드럽게 한다.
⑤ 친절과 존경으로 고객을 대한다.
⑥ 모든 일은 신중하고 자신 있게 한다.
⑦ 시선을 항상 고객을 향해 주목한다.
⑧ 항상 미소 띤 밝은 표정을 유지한다.
⑨ 손은 반드시 공손하게 모은다.
⑩ 구두는 항상 깨끗하게 닦는다.
⑪ 늘 단정하고 청결한 옷차림을 한다.
⑫ 고객에게 절대 등을 보이지 않는다.
⑬ 언제나 감사하는 마음으로 대화한다.

미용과 예술(美容藝術)

Beauty & Hair Art

Chapter 06

미용의 특질(特質)

1. 미용과 과학(科學)

미용과 과학은 어떤 관계일까?

과학을 외면하고도 미용의 진정한 발전을 기대할 수 있을까?

이 물음에 대한 대답은 간단하다. 과학을 떠난 미용만의 발전은 불가능하다는 것이다.

미용은 인간의 외모를 아름답게 가꿔주어 시각적으로 미의 형상을 보여준다는 데 참다움이 있고, 과학은 미용이 아름다움을 구현하도록 모든 것을 제공해준다는데 진실성이 있다.

1) 미용에는 거짓이 없다

미용과 과학은 상호 보완작용(補完作用)을 하면서, 거짓을 인정하지 않는다. 언제나 솔직하다는 것이 공통점이다. 우리나라의 경제발전은 서비스 산업, 특히 미용계 성장과 발전에도 상당한 영향을 끼쳤다.

1960년대에는 노동 집약적 경제활동에서 기업이 성장했고, 1970년대에는 기술 집약적 기업 활동을 통해서 놀랄만한 고도성장을 거듭했다.

1980년대에는 기술도입에서 한 차원 발전하여 기술개발 시대로 돌아섰으며, 이때부터는 우리 기술에 의한 산업 제품을 생산하여 해외로 수출하는 시대를 열었다.

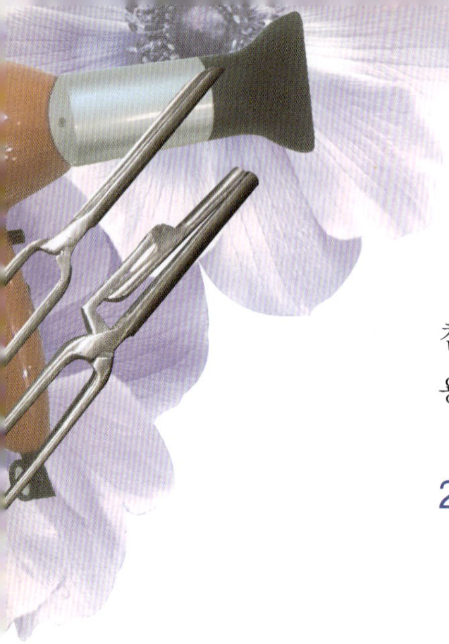

자연자원이 빈약한 우리나라는 두뇌 집약적 기술개발에 주력해 첨단산업 사회를 구축해 나갔다. 이런 시대적 흐름을 바탕으로 미용산업도 눈부신 성장 발전을 거듭해 왔다.

2) 과학 없는 미용은 불가능

"미용과 과학이 무슨 관계가 있는가?"

반문하는 사람들도 있을 것이다.

그러나 미용에서는 과학을 떠나서는 불가능한 요소들이 너무나 많다. 그런 요소들은 제품뿐만이 아니다. 미용인에게는 필수 연장인 가위로부터 미용 기기며, 시약 제품들이 모두 과학적 토대 위에서 생산되고 있는 것이다. 과학이라고 할 때, 거창한 외형적 요건만을 생각하기 쉽지만 작은 것에서부터 늘 사용하는 일상적인 도구에 이르기까지 모두 과학에 의해 연구 · 개발 · 제작되고 있다는 것을 알아야 한다. 따라서 기술개발을 위해서는 과학 연구가 절대 필요하다. 다만 그렇게 해서 생산된 기구나 제품들은 과학의 부산물일 뿐, 과학의 기본적 요소는 아니라는 점이다.

"과학은 왜 하는가?"

하는 질문에 대한 과학자들의 대답은 간단하다.

"과학 안에 자연과 우주 만물의 기본 질서가 모두 있기 때문이다."

미용인들이 아름다운 헤어스타일을 창조해 내어 고객에게 만족을 안겨 주는 일도 과학적 산물에 의한 응용 활동의 하나라고 보면 좋다. 다만 과학적인 이기와 인간 본연의 탁월한 기예를 가미해서 제3의 창작 헤어스타일을 엮어내는 것이다.

3) 공중위생

공동 사회에서 모두의 건강을 지키기 위해 청결한 환경을 만들려는 노력은 동서양을 막론하고 계속되고 있다.

이를 가리켜 공중위생(公衆衛生 : Public Hygiene)이라고 한다.

미용실이나 피부 관리실에서 미용의 전반적인 서비스, 다시 말해서 커트 · 파마 · 컬러링 · 메이크업 · 네일 · 신부화장 등 모든 영역의 미용 서비스 활동을 함에 있어서, 건강과 공중위생에 관한 사항을 법률로 규제하는 〈공중위생관리법(公衆衛生管理法)〉도 이런 바탕 위에서 마련되었고 시행되고 있는 것이다. 이런 배경에는 과학적 기구와 제품을 사용하기 때문에 이로 인해 발생하는 부작용이나 피해 요소를 사전에 차단하여 건강하면서도 아름다움을 창출하도록 지도 계몽하려는 뜻이다.

단속을 위한 수단보다는 사용하는 용구와 제품의 올바른 이용과, 청결함을 통한 위생 개념과, 질병이나 전염병을 예방하여 밝고 건강하며 아름다운 사회를 유지 발전시키자는 것이 근본이다.

2. 모발 조직과 종류

머리카락을 일반적으로 모발(毛髮)이라고 말한다.

그러나 모발이라는 머리카락은, 모간(毛幹)과 모근(毛根)으로 구분된다. 피부 표면 위로 나와 있는 털 줄기를 모간(毛幹 : Hair shaft))이라고 하고, 피부 아래에 있는 털뿌리를 모근(毛根 : Hair root)이라고 말한다. 모발의 조직은 모피 · 모피질 · 모수질로 구분되는데, 그 특징은 다음과 같다.

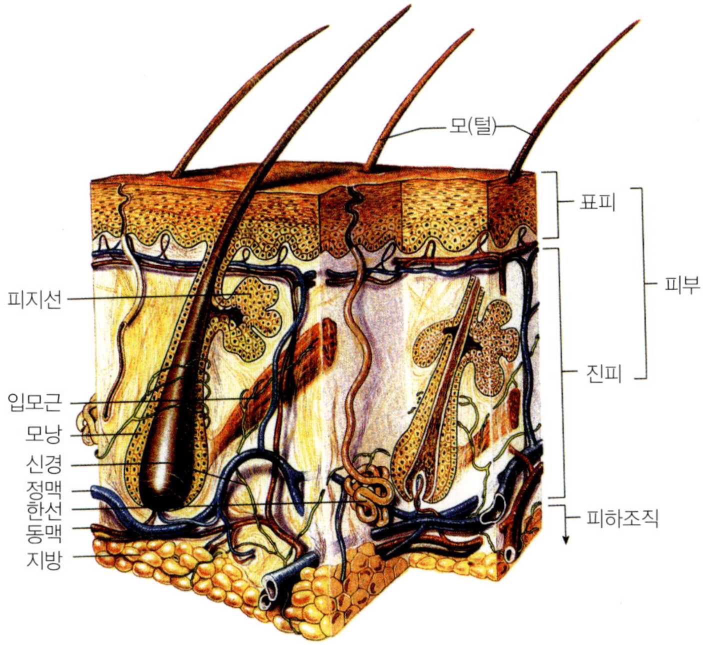

모발과 피부의 구조

1) 모피(毛皮 : Cuticle)

① 모발의 가장 바깥 부분이다.
② 투명체의 층을 이루고 있다.
③ 모발 내부 조직을 감싸 보호한다.
④ 열이나 화학물질을 받으면 열린다.
⑤ 파마나 염색을 할 때 액체를 흡수한다.
⑥ 모발의 대부분으로 유연성을 유지한다.

2) 모피질(毛皮質 : Cortex)

① 모피의 안쪽 부분이다.
② 그물 형태로 짜여 있다.
③ 탄력성을 지닌다.
④ 모발의 강약을 결정한다.
⑤ 목걸이와 같은 형태를 이루고 있다.
⑥ 멜라닌 색소를 많이 갖고 있다.

3) 모수질(毛髓質 : Medulla)

① 모발의 중앙 부분이다.
② 솜털과 같은 약한 모발에는 없다.
③ 둥근 형태를 이루고 있다.
④ 퍼머넌트 스타일에 영향을 주지 않는다.
⑤ 템퍼러리 스타일에는 아무 영향을 주지 않는다.
⑥ 대개 1개의 세포로 이루어져 있다.

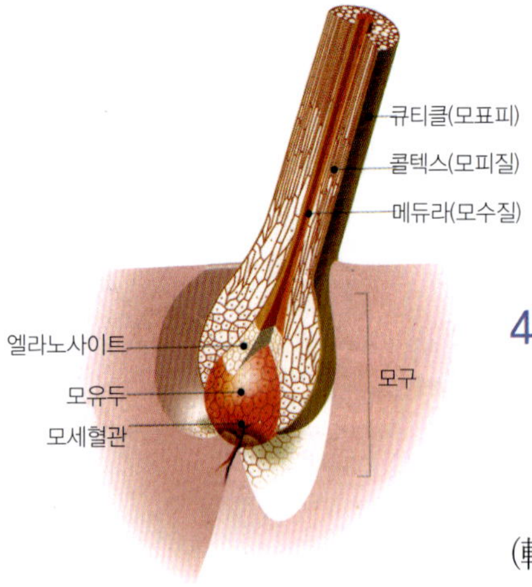

4) 모발의 변화

사람의 모발은 발생 후 3번 형태가 변한다.

태어날 때 가지는 태생모(胎生毛), 배냇머리라고 하는 솜털 연모(軟毛), 그리고 보통 일반적으로 말하는 몸의 털인 경모(硬毛)가

그것이다.

모발의 수는, 성인의 경우 온몸의 털은 약 500만개에 이른다. 그 중 머리카락인 모발은 약 10~15 만개 정도이다. 머리카락의 성장 속도는 부위에 따라 다른데, 모발은 하루 평균 0.38~0.44mm 자라며, 팔 다리의 털은 0.21~0.25mm씩 자란다. 다만 머리카락 색깔에 따라 모발의 수가 다른데, 일반적으로 알려진 머리카락의 수는 다음과 같다.

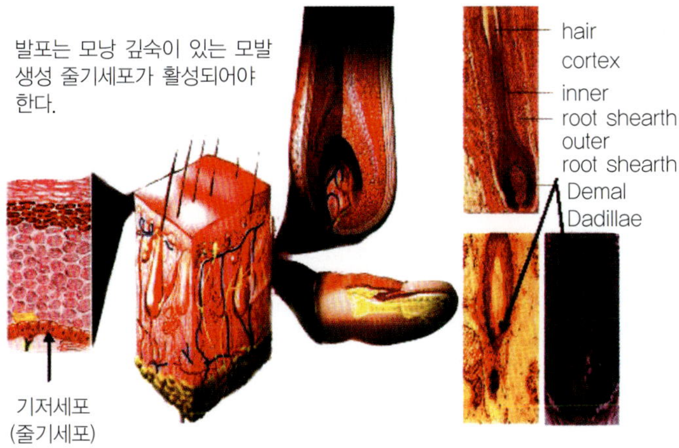

모발의 줄기세포

5) 모발의 수

① 금발머리=14만 8,000개 정도
② 갈색머리=10만 9,000개 정도
③ 검은머리=10만 2,000개 정도
④ 붉은머리=8만 8,000개 정도

3. 모발의 구성 요소

우리 몸의 헤어는 다양한 원소 성분을 함유하고 있다.

일반적으로 볼 때, 산소 19%, 질소 18%, 수소 7%, 탄소 5%, 황 5%, 그 밖의 케라틴이라고 하는 경단백질 등으로 되어 있다.

1) 케라틴(Keratin)

케라틴은 18종의 아미노산을 포함하고 있는데, 화학 반응으로 연쇄 작용을 일으켜 단백질을 공급한다.

이 연쇄 작용으로 모여진 단백질은 크로스 본드로 유지된다. 이를 폴리펩티드 결합이라고 부른다. 헤어의 화학적 서비스를 하는 동안 물리적, 또는 화학적인 작용으로 폴리펩티드 결합들은 깨졌다가 다시 형태를 이룬다.

이 때 젖은 모발을 로드에 감아 말아서 화학적 약품, 다시 말해서 산화제를 사용하여 모발 본래의 결합이 깨지고 중화제로 결합이 재구성되는 것이다.

2) 모발의 성장 과정

인간의 모발은 사춘기를 지나면서 성장 속도가 느려진다. 성인의 경우, 모발은 85%가 자라고 14%는 휴면기(休眠期)에 접어들며, 1%는 퇴행기(退行期)가 된다. 헤어는 성장기 · 퇴행기 · 휴면기(휴지기)의 3단계를 거치면서, 끊임없이 자라고 하루 평균 60~70여 개의 머리카락이 빠져나간다.

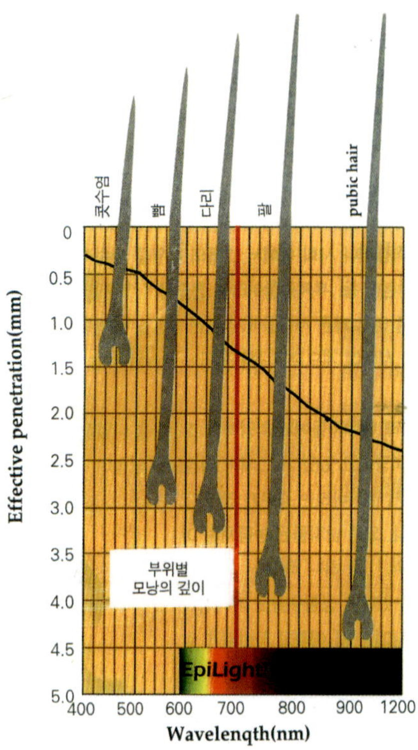

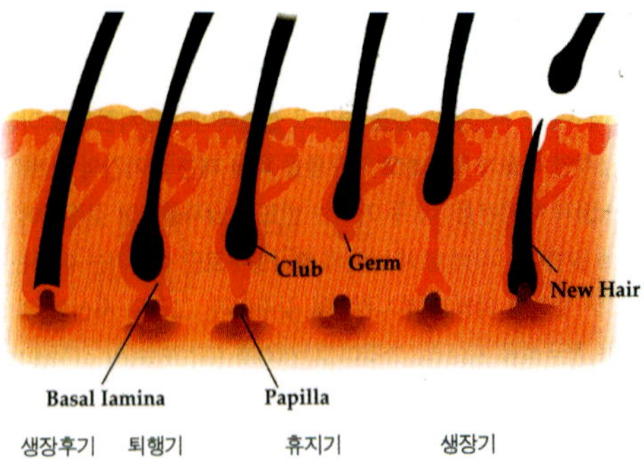

털의 주기

3) 모발의 특성

모발의 특성을 보면, 흡수성 · 흡착성 · 침투성 · 팽창성 · 탄력성 · 배척성 등 여러 가지가 있다.

(1) 흡수성

모발의 흡수성은, 액체를 흡수하는 능력이다.
모발의 흡수력은 끝 부분이 강하다.
건강한 모발은 모발 무게의 30%까지 흡수한다.

(2) 흡착성

모발의 흡착성은, 고체와 액체의 표면에 이물질이 흡수되어서 고농도가 되는 현상을 말한다.
헹궈내지 않은 헤어 콘디셔닝, 코팅 염색, 세팅 로션, 스프레이 등은 모발의 흡착성을 이용한 방법이다.

(3) 침투성

모발의 침투성은, 고체나 액체의 표면에 붙은 물질이 내부로 침투하거나 확산되는 것이다.

(4) 팽창성

모발의 팽창성은, 염색을 할 때 화학 물질이 모피 층을 열어 모발의 두께를 엷게 해주는 능력이다.

(5) 탄력성

모발의 탄력성은, 머리카락이 수축하는 능력으로 머리카락을 잡아 당겼다가 놓으면 제 위치로 돌아가는 성질을 말한다.
그러나 머리카락은 고무줄처럼 늘어났다가 줄어들지는 않는다. 탄력성이 약한 모발은 길게 잡아 당겼다가 놓을 경우 본래 자리로 돌아가지 못하고 늘어지거나 끊어지고 만다.

(6) 배척성

모발의 배척성은, 흡수했던 수분이 빠져나가는 능력이다.

열이나 건조한 공기 중에서는 모발에 들어있던 수분이 일단 빠져나간다. 그랬다가 모발이 건조해지면 다시 흡수된다.

4) 모발의 재생

모발도 일정한 수명을 가진다. 머리카락의 수명은, 나이 · 건강 · 성별 · 모발의 형태 등에 따라 차이는 있어도 평균 3~6년의 수명을 가지고 있다. 모발에서 머리카락이 빠져나가면, 20~40일 만에 새로운 모발이 형성된다. 머리카락이 새로 형성되어 피부 표면으로 나오기까지는 41~72일 정도 걸린다. 그러나 눈썹과 속눈썹의 재생은 보통 4~5개월이 걸린다.

5) 모발 클리닉

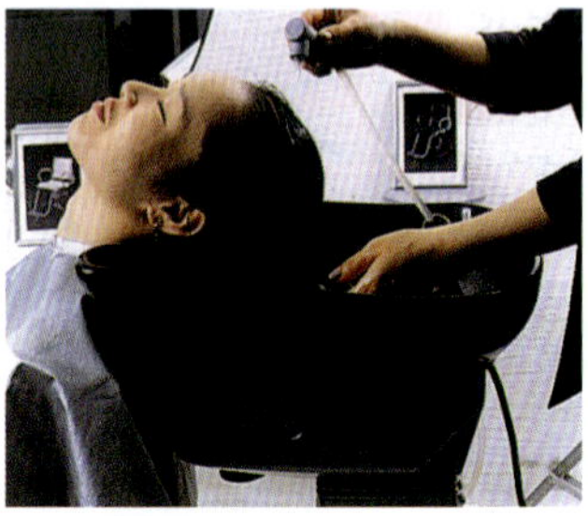

지금 미용실에서는 모발 진단과 클리닉을 강조하고 있다.

모발 클리닉(Clinic)은, 의학 용어의 임상실험 강의실이나 진료실의 클리닉을 미용에 접목시켜 모발 건강 진찰이라는 의미로 쓰고 있는 말이다. 헤어 컬러링에서 pH 밸런스라는 말을 많이 사용한다. pH는 수소이온 지수를 말한다. 물은 pH가 7인데, 이를 기준으로 pH가 7보다 작은 수용액은 산성이고, pH가 7보다 크면 알칼리성이다.

pH 밸런스가 모발 클리닉의 주요 기준으로 작용한다. 건강하고 아름다운 모발은 남녀 모두의 관심사이며, 고객이 가장 갈구하는 것이다. 탈모다, 빈모다 하여, 대머리 증상이 있는 사람들은, 특히 모발 클리닉에 큰 관심을 보이고 있다. 머리를 깎고, 파마하고 염색이나 탈색을 하는 것은 미용실의 기본 업무이다. 그러나 모발 클리닉은 건강한 모발과 손상된 모발을 구별하고, 그 정도를 진단해주는 일로 일정한 수준 이상의 전문적 식견이 있을 때, 가능한 일이다. 화학제품을 사용하여 모발이 손상되어 있을 경우, 이를 관리하고 손상된 모발을 재생시켜 줄 수 있는 지식과 실력이 있어야 모발 클리닉에 손을 댈 수가 있다. 일반적으로 건강한 모발과 손상된 모발의 특징을 보면 다음과 같다.

(1) 건강한 모발

① 윤기가 흐른다.
② 탄력이 넘친다.
③ 모발에 병이 없다.
④ 밀도가 보통이다.
⑤ 모발 색깔이 밝다.
⑥ 촉감이 부드럽다.
⑦ 성장이 정상적이다.

(2) 손상된 모발

① 윤기가 흐르지 않는다.
② 탄력성이 없고 부스러진다.
③ 두피에 지방이 많다.
④ 모발이 건조하다.
⑤ 모발이 가늘고 끝이 갈라진다.
⑥ 모발 색깔이 안 좋다.
⑦ 촉감이 거칠고 차갑다.

6) 모발 손상의 요인

모발을 손상시키는 것들은 제대로 시술하지 않거나 과도하게 시술 제품을 사용하는 경우이다.

예를 들면, 파마 · 컬러 · 표백 · 샴푸 · 고데 · 드라이 · 세팅 · 자외선 · 다이어트 등을 꼽을 수 있다.

모발 건강과 클리닉에 관한 한, 어떤 경우에도 고객과 충분히 대화하고 의논한 뒤 시술해야 한다. 미용사가 육안으로 확인한 피상적 헤어 형태만 가지고 시술하면 손상된 모발을 재생시키는데 문제가 생길 수도 있기 때문이다. 그만큼 어렵고 까다로운 일이지만 제대로 했을 때의 고객 만족도는 매우 높아 보람과 긍지를 느낄 수 있는 분야가 모발 클리닉이다.

7) 모발 상태 관찰

모발 상태의 관찰은, 육안 · 촉감 · 듣기 · 냄새 등 여러 방법으로 관찰할 수 있다. 모발 상태를 관찰하는 것은 모발 건강이나, 클리닉 과정에서는 필수적인 코스이다.

(1) 육안 관찰

육안 관찰은 '안목 관찰' 이라고도 한다.

우리의 눈으로 모발의 상태를 살펴보면서 곧바로 알아낼 수 있는 방법이다. 육안 관찰에서는 건성 · 중성 · 지성 등의 상태를 확인할 수 있다.

(2) 촉감 관찰

촉감 관찰에서는, 모발을 직접 만져보면서 거칠고, 부드럽고, 뻣뻣한 정도를 바로 느낄 수 있다.

(3) 듣기 관찰

듣기 관찰에서는, 고객으로부터 자신의 모발을 어떻게 관리하고 있는지에 대해 설명을 듣는 방법이다.

(4) 냄새 관찰

냄새 관찰에서는, 냄새를 통해 고객의 두피나 모발의 건강 상태를 파악할 수 있다.

이때 이상 증세나 상태가 발견되면 그 증상에 따라 샴푸, 린스, 영양제 등을 선택할 수 있다.

8) 모발의 질(質)

모발의 질에 대해서는 모발의 지름, 느낌 등으로 판별한다.

지름은 굵은 머리카락, 중간 머리카락, 가는 머리카락으로 분류한다. 느낌으로는 부드러움, 뻣뻣함, 까칠까칠함 등으로 나눈다.

9) 손상 모발의 관리

사람은 누구나 건강한 모발, 아름다운 모발을 원한다.

따라서 미용인이라면 고객의 이와 같은 심리적 욕구에 부응할 수 있는 지혜를 가져야 한다.

모발 손질에는 전문적인 방법이 있다.

그러나 가장 간편한 방법으로는 컨디셔닝이 있다.

컨디셔닝 손질법으로는 머리를 감는 것, 자르는 것, 모양을 만드는 것 등이다.

(1) 린스

린스(Rinse)는 모발 샴푸 후에 마지막으로 헹군다는 뜻이다.

옛날 우리들의 할머니들이 손자 손녀의 머리를 감겨줄 때 마지막으로 식초 한 방울을 세수 대야에 떨어뜨린 뒤, 머리를 헹구어 주던 그 지혜를 현대의 제품으로 생산하여 간편하게 사용하는 것이다.

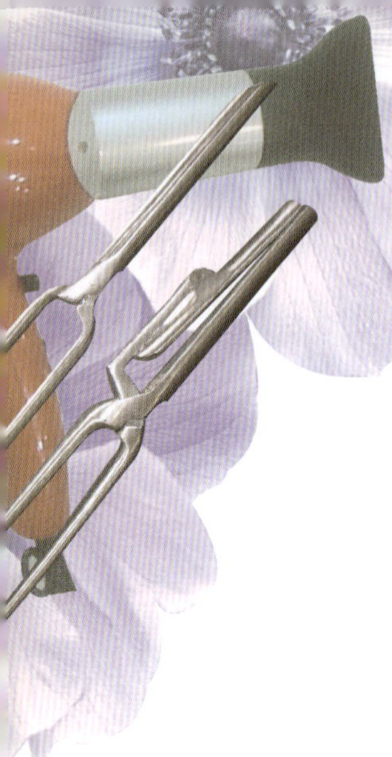

(2) 헤어 컨디셔너

헤어 컨디셔너(Hair Conditioner)는, 린스를 한 차원 업그레이드한 제품이다.

모발이 탄력이나 생기를 잃어 쉽게 부스러지거나 탈색된 것을 치유하는 방법이다. 이런 모발의 세포 조직에 적당한 영양분을 제공해 줌으로써 손상된 모발의 건강을 되찾아 주는 것이다.

이때 제공되는 영양분은 비타민, 단백질, 수분, 오일 등이다.이런 영양분을 통해 건강하고 아름다운 헤어스타일을 창출할 수 있다.

(3) 컨디셔너가 모발에 주는 영향

① 손상된 모발을 재생시켜 준다.
② 모발의 손상을 방지해 준다.
③ 모발을 건강하게 보호해 준다.
④ 모발에 윤기와 생기를 준다.
⑤ 모발에 탄력과 힘을 준다.
⑥ 모발의 엉킴을 방지한다.
⑦ 아름다운 헤어스타일을 창출할 수 있게 해 준다.

Chapter 07 이론과 실제(實際)

1. 학문과 이론

현대 산업사회에서는, 모든 학문적 이론이 기술적 실제 활용에서 상이하고 모순되는 일이 많다.

그래서 대학에서 배운 이론 중심적 학문이 실제 운용에서는 맞지 않고, 괴리감이 크다는 지적을 흔히 들을 수 있다. 이러한 일은 동서양이 다를 바 없다.

1) 현장과의 거리감

대학에서는 실용성보다는 학문적 원론에 근거하여 수업을 진행하기 때문에 현장과는 거리감이 있을 수 있다.

이론은 단지 경험이나 개개의 사실에 관한 잡다한 지식이 아니라, 법칙적이고 통일적으로 다수에게 이해를 시키기 위해 정리하고 통합된 원리적 인식의 체계를 말하는 것이다. 다시 말해서, 다양한 사실의 원칙들을 합쳐서 정리하고, 올바른 체계를 구축하여 실천적 타당성의 검증을 떠나서 관념적으로 조합하고 설명할 수 있도록 정립한 인식의 체계인 것이다. 더구나 한국미용은 학문적으로나 이론적으로 어떤 모델적인 체계가 정립되지 못한 채, 단순 기술에 의해 미용 현장 중심으로 운영되어 왔다.

이런 모순과 불합리성을 미용관련 대학에서 개선하고 학문적으로 기초를 바로 잡아주고 있다.

과거 우리의 미용교육이 학문적 기술에 바탕을 두었다기보다는, 서구의 학문적 이론 · 원론을 도입해 우리 미용 현장과 연계하는 선에서 예비 미용 인재들을 육성해 배출해 왔다.

그런 고로, 예비 미용사들이 현업에 취업한 뒤 학문적 이론과 기술적 실제 면에서 상당한 괴리 현상을 느끼며 갈등을 느끼는 것이 사실이다. 현재 미용 관련 대학의 교수들은 이론적으로나 학문적으로는 매우 우수한 분들이다. 그들 교수들은 학문적 권위는 물론이고 커트 · 파마 · 컬러 같은 과정의 기본 실기기법도 충분히 이해하고 있어서 교육을 함에는 큰 무리가 없다. 그러나 실기 면에서는 현장의 미용인들과 상당한 거리가 있는 것을 미용인들은 인정해야 한다.

2) 현업에 대한 이해 부족

대학에서 미용을 전공한 학생들이 현업에 취직했을 경우, "로드도 제대로 말지 못 한다"는 소리를 들어야 하는 경우까지 노출되고 있다. 이런 현상은 대학의 미용교육 부재에서 오는 것보다는, 이론 중심의 교육과 현업에 대한 이해 부족, 기술 결여에서 온 초기 현상이었다는 것이 정확한 진단일 것이다. 사실 우리나라의 미용역사를 볼 때, 해방 이후 미용교육이 초기 기초 단계를 세우며 미용사들을 배출했다.

기초 과정을 익히고 현업에 투신한 미용사들의 눈물겨운 노력으로 미용문화가 싹이 트고 자라서 오늘에 이만한 성장을 가져온 것은 사실이다.

3) 기초 교육이 중요

미용교육과 이론의 학습적 목적은, 기술의 습득을 보다 용이하게 해주는 기초 소양을 길러주는데 있다.

그런데 우리의 산학(産學) 현장에는, 그런 연결고리가 제대로 되어 있다고는 볼 수 없다. 이 점은 매우 안타까운 실정이다.

미용기술을 고객에게 직접 시술하는 경우, 연습은 허용되지 않고 있다. 다만 시술 방법이나 절차가 실제로 대학에서 지도하는 교수나 강사에 따라 다소의 차이가 있는 것도 부인할 수 없다. 이러한 모순은 기초적이고도 합리적인 기본 테크닉의 교재가 정립되어 있지 못하다는 데 그 이유가 있다고 하겠다.

파마의 경우를 예로 들면, A에서 시작하여 B에서 마무리를 하는 사람도 있고, B에서 시작하여 A에서 정리하는 사람도 있다는 것이다. 그런데, A의 방법으로 시술하는 사람은 자기의 방법이 옳다고 하고, B 방식의 사람은 자기 방법이 옳다고 고집한다. 따라서 이는 하나의 시술 방법을 예시하는 것에 불과하며 어떤 공식적 도법은 아니라는 점이다.

문제는 학문적 이론과 기술적 교수 방법이 교과서 양식대로 일치할 수 없다는 사실을 간과해서는 안 된다는 점이다.

4) 현장 응용력

학문적 이론을 현장에서 응용하고 활용하는데 도움이 되지 못할 때, 교육의 문제가 노출될 수밖에 없다.

어떤 기술이거나 이론과 실제는 실제 현장과 일치하기 어렵다는 것이다. 다만, 학문적 이론을 현장에서 응용하면서 기술이 숙달되는 과정을 통해, 보완적 관계를 정립해 간다는데 인식을 같이 할 필요가 있다. 이런 인식을 바탕으로, 대학에서는 미용교육을 이론적 원론 학습에 중점을 두어 실시하면서 기술 학습을 병행한다면, 산학 연계성을 확고히 하고, 이론과 실제가 모순의 폭을 좁혀나갈 수 있을 것이라고 본다.

교과서에 의한 대학의 미용 학습은, 모두 기초 학문과 기술 습득에 필요한 최소한의 기본과정일 뿐이기 때문에 실제 응용에는 한계가 따르고 모순이 있을 수밖에 없다.

사회가 급속도로 발달되는 가운데서, 미용기술은 미적인 가치관과 고객의 욕구에 부응하여 항시 변하는 가변성, 유동성을 띠고 있다. 그러나 대학에서의 학문적 이론 중심의 미용교육은 거의 고정되어 있다고 해도 지나침이 없을 것이다.

하지만, 고도의 최첨단 테크닉이라 해도 그 바탕은 이론적 토대 위에서 변형된 응용기술이라는 것에 유념해야 한다. 미용관련 학자나 교수들의 종합적 의견을 모아 편찬한 미용교과서도, 시대와 사조를 바탕으로 삼고 있다. 때문에 시대적 흐름과 사조에 따라 새로운 커리큘럼으로 변화하고 개편되어야 하는 것이다.

2. 미용의 다양성

현대미용의 사조는, 특히 예술적 창조성을 요구하면서 토털 개념으로 변화하고 있다.

세팅

미용은 사전적 의미로 풀이할 때, 인간의 외모, 특히 헤어스타일을 아름답게 가꿔주는 것이 주된 업무이자 사명이며, 근본 목표이다.

미용은 그림 · 조각 · 회화 · 판화 등의 미술적 요소와, 건축 · 조경과 같은 조형 예술로, 감각보다는 시각적 만족에 무게를 두고 있다. 미용은 시각 만족을 추구한다는 데서 일반 조형예술과는 다른 특수성을 지닌다.

1) 미용 창작의 제한점

미용 작품을 예술적 창작품으로 표출하는데 몇 가지 제한점을 갖는다.

첫째는, 창작성의 제한이다.

미용사 중심의 의사 표시가 아니라, 고객의 요구에 따라야 한다는 제한점이다. 때문에 미용사의 순수한 창작성에 제약이 따른다.

둘째는, 시술 시간의 제한이다.

충분한 사고에 의한 창작 활동이 아니라, 고객의 요구에 따라서 제한 시간 안에 완성해야만 한다.

셋째는, 소재 선택의 제한이다.

작품 구상에 필요한 소재를 미용사가 선택할 수 없고, 고객의 주문에 따라야 한다는 점이다.

넷째는, 소재 선정의 제한이다.

시술 대상이 고객의 머리 부분에 국한된다는 점이다. 고객의 머리 외에는 선택의 자유가 없다는 것이다.

다섯째는, 예술성의 제한이다.

미술이 창작 예술이라면, 미용은 표현 예술이라는 특수성을 지닌다. 따라서 제한된 표현의 범주를 벗어나기 어렵고, 고도의 조화미를 창출해야 한다는 어려움이 따른다. 때문에 미용의 창작 과정은 매우 다양하고 복잡하다.

2) 창작품 완성의 과정

미용사가 미용 창작품을 완성하기까지는 거쳐야 하는 과정이 매우 다양하다. 먼저 소재의 선택이다. 이는 능동적 자유 선택이 아니라, 요구에 응해야하는 피동적 선택이라는 점이다.

미용의 소재는 고객이라고 하는 제한된 소재에 한하여 그것도 머리에 국한하기 때문이다.

고객에 따라 작업을 해야 한다. 고객마다 생김새가 다르고 모발도 다르며, 개성도 달라서, 일률적 공식을 적용하기 어렵다는 문제성을 안고 있다.

미용사는 제한된 소재를 놓고, 요구에 따르면서 개성과 인격까지도 불어넣어 주는 우아미(優雅美)의 창작 활동을 하지 않으면 안 된다.

3) 소재 따라 작업 구상

미용사는 까다로운 소재를 충분히 관찰한 다음, 소재의 특성에 맞게 작업 구상을 할 수밖에 없다.

이때 참고할 것은 고객의 주문이다. 요구 · 의견을 반드시 참고하고 수렴해야 하며, 자신의 구상이나 의견을 강요해서는 안 된다. 다만 고객의 주문이 무리하다고 여겨질 경우, 미용사의 의견을 제시하여 고객의 주문을 수정할 수는 있다.

고객의 요구 주문이 끝나면, 서둘러서 작업을 진행하고 고객의 요구 시간대에 맞춰 비교적 제한 시간 안에 완성해야 하며, 시술을 잘못하고 있을 경우 수정이 불가능해지는 경우가 많다는 점이다. 때문에 미용사는 예술성을 높이고, 자질향상을 위한 노력과 고도의 테크닉, 새로운 기술의 습득, 창조성을 항상 지녀야 한다.

고객이 요구하는 헤어스타일의 창출과 동시에, 고객의 인격과 용모에 부합되는 헤어스타일을 만들어야 한다. 그렇지 못할 경우, 아무리 예술적 혼을 불어 넣었다 해도 고객의 만족을 끌어낼 수 없을 것이다.

4) 작품 완성에 주력

미용 제작과정은 미용사의 기술력과 함께 작품을 완성하는데 꼭 필요한 기본 요소가 되고 있다. 다시 말해서 미용 제작과정은 미용사가 생명을 불어넣는 분신과도 같은 것이 되어야 한다. 고객이 요구하는 짧은 시간 안에 원하는 헤어스타일을 완성했다 해도 마무리 작업을 잘 해야 그 미용작품이 예술적 창작 미를 발휘할 수 있게 된다. 고객이 자신의 헤어스타일에 대해, 시각적으로 만족하지 못하고 불만스러워한다면, 미완의 미용 작품으로 밀려날 수밖에 없을 것이다. 미용 예술은 나이 · 계절 · 환경 · 장소 등에 따라 매우 다양한 헤어스타일을 요구한다는 데에 미용의 다양성이 있다.

3. 새로운 미용기술

첨단 산업 사회에서의 기술은 정지되어 있는 것이 아니며, 정지되어 있을 수도 없다. 기술은 산업 구조와 경제 발전, 문화의 다양화와 함께 새롭게 변모하는 것이다.

미용산업도 이러한 시대적 배경을 바탕으로 발전해 가고 있다.

1) 아름다움은 만든다

"아름다운 여성은 태어나는 것이 아니라, 만들어진다."

이 말은 1949년 프랑스의 여류 철학자 시몬느드 보봐르가 갈파한 말이다. 이 선언으로 '제2의 성' 이 탄생되었고, 이를 계기로 '키스를 허용' 하는 립스틱이 나와 관능미인을 만들어냈던 것이다.

1950년대 초, 주름 방지 화장품이 등장되고, 연필로 눈썹을 그리는 여성들에 이어 아이섀도와 향수도 시판되면서 미용 기술은 새로운 양상을 보이기 시작했다.

2) 미용의 탐미주의

현대 산업 사회에서 미용은 탐미주의(耽美主義)와 만났고, 이브닝 헤어스타일의 여성들을 배출하면서, 가정의 분위기도 바꾸어 놓았다. 염색과 퍼머넌트 웨이브의 화려한 헤어스타일에도 불구하고, 여성들은 빛나고 부드러우며 건강한 모발을 원했다. 이런 흐름에 발맞추어 모발용 신제품들이 러시를 이루며 출시되어, 미용계가 환호를 올리면서도 혼란에 빠졌다.

1960년대에 들어와서는, 자유 · 평등 · 관능의 새 풍조가 불어닥쳤다. 이는 미용업계에 심리학을 끌어들이는 전기를 가져왔다. 미용에 화장 · 의상 · 액세서리 · 모자까지 가미되어, 미용사의 손이 마술사의 손처럼 인정을 받으면서 다음과 같은 유명한 유행어를 만들어냈다.

"세상에 못 생긴 여자는 없다."

육감적인 금발의 헤어스타일을 자랑하며 유혹의 천사로 군림한 마릴린 몬로(본명 : 노마 진 베이커)의 금발 헤어스타일을 선호하는 열풍이 지구촌을 휩쓸었다.

3) 색조 화장의 열풍

1960년 중반, 화장의 대 유행 시대를 맞으면서 미용은 더욱 바빠졌다.

눈 주위에 색조 화장을 했고, 인조 속눈썹이 강타했다.

1970년대는 지성과 열정의 시대였다. 다양한 색조의 화장, 색색의 헤어 컬러링, 노출의 미학과 바디 페인팅의 열풍이 불어왔다.

그런 가운데 현대 여성은, 활동 무대가 무척 다양하고, 행동반경도 넓어졌다. 미용에 관한 한, 더욱 그렇다. 현대를 살아가는 동시대의 여성들이지만, 생각과 요구는 천차만별이다. 최신 유행의 헤어스타일을 요구하고, TV나 영화에 등장하는 인기 연예인의 헤어

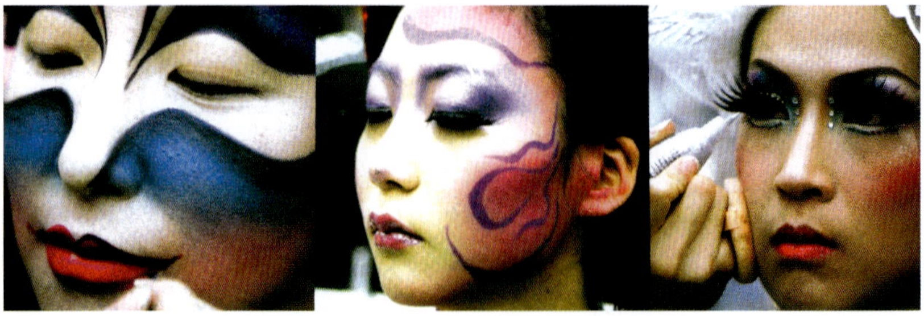

스타일을 그대로 재현해 달라고 주문한다. 그런가 하면, 복고풍의 헤어스타일을 그리워하기도 한다. 다가올 세기의 헤어스타일을 미리 예상하면서, 미래 세계로 향한 탐험적인 헤어스타일까지 하고 싶어 한다. 그런 가운데서도 공통점은 있다. 모두가 아름다움을 만끽하고 싶어 하고, 매혹적인 여성이 되고자 하며, 자기만의 톡톡 튀는 개성을 창출해보고 싶어 한다는 점이다.

삼복중에도 치렁치렁한 치마저고리 정장을 한 중년 여성, 구멍 뚫린 청바지의 대학생, 입은 것인지 걸친 것인지 알 수 없는 의상의 젊은 여성까지도, 모두가 헤어스타일을 통해 더 아름다워지고 싶어 한다는 미적 욕망과 충동으로 가득 차 있다는 점이 공통점이다.

현대 산업 사회에서 미용이 문화 · 위생 · 미적으로 공헌하는 기여도는 매우 크다. 결혼식, 음악회, 예술제, 파티 등 각종 모임이 빈번한 현대 사회에서, 상대방에게 미적인 아름다운 인상을 주게 하는 미용의 예술성은 이미 필요 이상의 절대적 영향을 안겨주고 있다.

4) 건강한 머릿결을 위하여

미용 선진국의 헤어스타일 경향은, 건강미와 자연주의를 추구하고 있다는 점이다. 자연주의의 기본 콘셉은 다양하고도 자연스러우면서 건강주의 · 순수주의에 바탕을 두고 있다. 헤어스타일에 있어서 자연주의 이미지를 잘 나타낼 수 있는 것은 바로 머릿결의 건강이다. 선진국은 고객의 건강한 머릿결에 대해서 지대한 관심과 노력을 하고 있다.

머릿결을 건강하게 만들기 위해서는 고객의 파마나 염색 시 과학적 시스템에 의해서 서비스가 이루어진다. 다시 말해서, 체계적이고 절제된 서비스가 이루어지고 있다는 것이다.

고객이 선호하는 스타일이 다분히 개성적이다. 때문에, 미용인들은 외국풍의 모방보다는, 전통적 · 정서적 특징에 부합되는 창조적 흐름을 추구하고 있다.

5) 무모한 모방은 금물

현재 우리나라 헤어스타일의 경우는 어떤가?

선진국 헤어스타일을 아무 저항도 없이, 무분별하게 모방하여 고객들에게 시술하는 경향이 많다.

이로 인해, 우리에게 어울리는 주체적 헤어스타일과는 거리가 멀다고 하겠다. 같은 아시아권에서도 일본의 헤어스타일 분야는, 세계 어느 나라에도 흡수되지 않은 그들 나름의 독창적 경향을 띠고 있다는 것이 특징이다. 헤어스타일에도 특유의 고유한 가치가 있다. 그 가치란, 얼굴·신체 형태·직업·문화적 삶과 같은 특징에 따라 다양하게 표출되고 있다. 헤어스타일 디자인의 다양성으로는 소비자 각각의 개성에 적합한 스타일을 연출해야 그 가치가 있다. 그래야 서비스의 고급화·시스템화가 이루어질 수 있고, 부가가치도 높아진다. 헤어스타일 디자인의 발전을 위해서는 중·장기적인 비전 아래, 기술의 고급화와 시장 활성화가 이루어져야 하는 것이 원칙이다. 비전 없이 무분별하게 획일화되거나, 선진국의 헤어스타일을 모방만 하는 헤어스타일들로는 비전이 없다.

"한국들의 헤어스타일은 모두 비슷해 특징이 없다."

외국인들은 한국 사람들의 모양새가 비슷비슷해서, 구별하기가 어렵다며 이런 말을 한다. 유럽에서는 사람들의 인종만큼이나 헤어스타일의 모양새가 다양하다.

이런 양상은 문화와 예술이 앞선 나라일수록 더 강하다. 이것은 개성화를 추구하기 때문이다.

Chapter 08

미용과 현장(現場)

1. 모방과 창조

현대 미용은 고객이 만족할 수 있는 개성미를 연출하는 미적 측면과 시대 풍조를 건전하게 이끌기 위한 문화적 측면, 대중의 위생 관념을 계도하는 공중위생적인 측면 등에서 새로운 기술을 유도하고 있다. 따라서 미용사들은 위생 지식의 습득과, 환경 친화적인 인식의 제고, 미적 감각과 심미안적 미용관, 미학, 색채학, 예술론 등 다양한 감각과 소양 및 지식을 함양해야 하는 시대를 맞고 있는 것이다.

1) 무한한 창조력

현대 미용은 모방에 의한 단순 기술의 시대에서 창조력을 바탕으로 한 전문 종합 예술의 시대로 들어섰다.

이와 함께 건전한 인간관계의 정립, 원만한 인격의 함양, 해박한 시사 상식, 세련된 매너, 긍정적인 사고, 고객의 요구를 수렴하는 전문인, 고차원의 시술력, 교양 있는 언어 행동, 품위 있는 서비스 등 너무나 많은 것들을 폭넓게 익히고 지녀야 하는 부담을 안고 있다. 더구나, 미용 기기의 발달과 시술 제품의 눈부신 발전으로 미용사는 미용 시술할 때 사용되는 새로운 기기의 과학적 기본 조작 원리와 실용성 등을 숙지해서 보다 정확하고 효율성 있는 미용 시술로, 시각적 미용 예술품을 창출하는 조형 예술가로 거듭나야 할 것이다.

2) 모방은 창조를 낳는다

기술에서의 모방과 창조는 떼어낼 수 없는 필연적인 것이라고 할 수 있다. 처음에는 모방에 의한 기술 습득으로 미용사가 되고, 그 모방 기술을 바탕으로 고객을 맞으며 모방된 기술을 자기의 창조적 기술로 바꾸어 간다. 그렇게 되기까지는 상당한 인내와 연구 훈련 과정이 필요하다.

미용 기술에서는 모방 없는 창조는 기대하기 어려울 정도이다.

그렇다고 언제까지나 모방만 할 수는 없다. 그렇게 하는 것은 자기 계발의 포기이며, 고객에 대한 기만이라고 할 수 있다. 적어도 개성 있는 미용가로, 능력 있는 미용가로, 예술적인 미용가로 우뚝 서기 위해서는 끝없는 창조에 도전하고 창작품을 만들어 내겠다는 욕망이 필요하다. 성공하는 미용인의 길은, 미용의 창조력 여부에 달려 있다고 해도 지나친 말이 아니다.

2. 헤어 디자이너

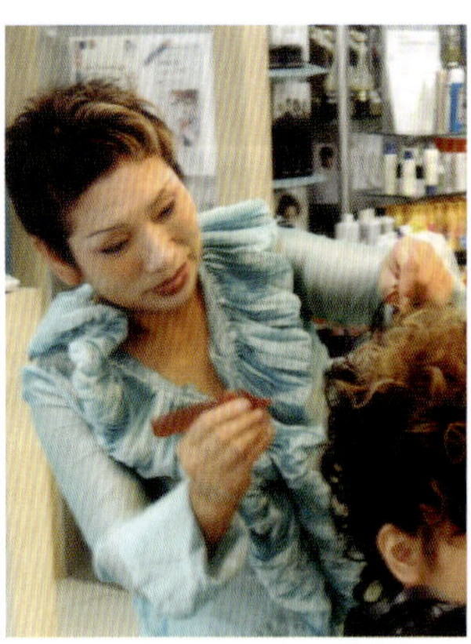

헤어 디자이너(Hair Designer)는 헤어스타일을 도안하고, 설계하는 사람이라는 말로, 미용사의 꽃이라고 할 수 있다.

디자인(Design)이라는 단어는 본래, 설계 · 구상 · 도안 · 계획 · 의도 · 입안(立案) 등 여러 가지 의미를 지닌다. 특히 생활에 필요한 제품을 만들어 내는 데 있어서, 그 재질 · 기능 · 기술 또는 미적인 조형미 등 여러 가지 요소와, 생산 · 소비 면에 이르기까지 다양한 측면을 예측하고, 분석 · 검토 · 조정하는 종합적 조형 계획을 의미한다. 이런 일을 하는 사람, 의장이나 도안을 입안하는 사람, 설계자를 디자이너라고 부른다. 따라서 헤어 디자이너는, 머리 모형을 조형하고, 아름다운 형태를 연출해 내기 위한 조형 작업을 하는 미용사를 가리킨다.

현대에 이르러서는 조형 실용적 목적을 지닌 미적 조형을 계획하고, 그 계획을 구체적인 형상으로 창출해 내는 전문인으로, 헤어 디자이너의 역할을 매우 중요하게 여기고 있다.

1) 종합 디자인 시대

미용사가 헤어스타일을 디자인함에 있어서, 조형 구성 계획을 할 때, 아름다운 조형미를 창출하는 구성 능력을 갖추고 있지 못하다면 좋은 헤어스타일이 나올 수 없다는 것이 당연하다. 때문에 고객의 요구가 다양해지고 있는 현대미용 사회에서 인정받는 미용사가 되려면, 당연히 헤어 디자이너의 감각과 조형적 심미안을 갖추어야 한다.

헤어 디자인이란, 새로운 헤어스타일을 만들어 내기 위한 조형 과정을 정한다거나, 그 표현 방법을 세밀하게 기록하는 것도 중요하지만, 그 디자인을 표현해 낼 수 있도록 설계 구상 과정을 소상하게 엮어놓아야 한다. 구상하고 설계한 헤어 디자인대로 작품을 만들어 내지 못하거나, 만들 수 없다면, 그 헤어 디자인은 소용이 없는 무용지물이 되고 말기 때문이다.

헤어 디자이너의 역할은, 조화롭고도 신선하며, 아름다운 새로운 헤어스타일을 만들어 내도록 시술 과정을 분명하게 해주는 데 있다. 헤어 디자이너라고 해서, 단순히 머리 모형만을 새롭게 해주는 구상을 해서는 안 된다. 한 고객의 두형과 얼굴 형태, 머리카락의 색깔 등 전체적인 균형과 조화를 이루도록 디자인하는 것이 중요하다.

따라서 아름다움의 미적 가치를 충분히 살려내면서, 결점은 커버하고 드러나지 않도록 헤어스타일의 기본 설계를 구상하고, 이를 시술하여 새로운 헤어스타일이 완성될 수 있도록 하는 것을 기본으로 삼아야 한다.

2) 헤어 디자인의 기본 요소

헤어스타일은 고객의 외모와 취향, 성격 등에 따라 달라지는 것이 일반적이다. 고객에게 어울리는 헤어스타일을 창출해내는 것이 헤어 디자이너의 임무이기 때문에 먼저 알아두어야 할 기본 사항이 있다. 그것은 고객의 얼굴 형태와 머리카락의 질감, 목, 턱, 어깨, 신장 등 신체조건, 생활과 문화적 습관, 인격과 교양, 직업과 신분 등이다.

각자 개개인에 대한 헤어스타일을 아름답게, 잘 어울리도록 구상하고 만들어 내기 위해서는, 다음과 같은 최소한 몇 가지의 기본 요소들을 고려하여야 한다.

① 정면의 얼굴형
② 얼굴 윤곽과 측면
③ 헤어라인
④ 목의 형태와 신장
⑤ 두발의 색상과 모질

3) 얼굴형에 따른 디자인

사람의 얼굴 형태는 달걀형 · 원형 등 다양하다.

헤어 디자인은 고객의 얼굴형에 알맞은 헤어스타일을 창출해야 하는 것이 필수적이다.

(1) 달걀형 얼굴

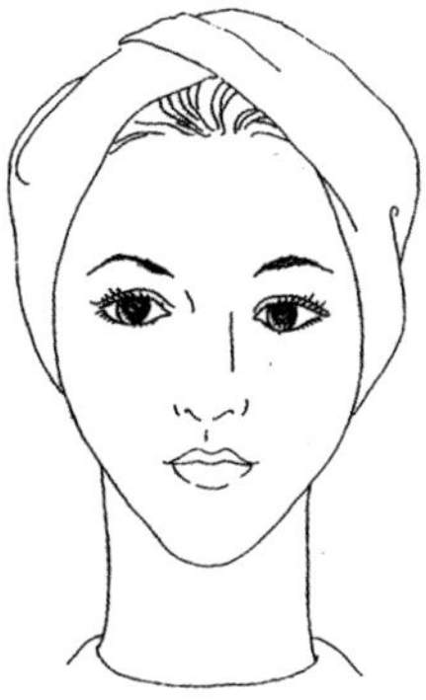

달걀형 얼굴

정면의 얼굴형은, 사람마다 얼굴의 골격과 형태가 다르기 때문에 세심한 관찰이 필요하다.

정면에서 볼 때, 달걀형 · 원형 · 네모꼴의 정방형 · 긴 얼굴의 장방형 · 세모꼴의 삼각형 또는 역삼각형 · 다이아몬드형의 마름모꼴 다양하다.

미용에서는 달걀형의 얼굴 형태를, 가장 이상적인 조형미를 살릴 수 있는 형태로 꼽는다.

헤어 디자인에서는 옛날부터 달걀형의 얼굴을 바로 「미의 표준형」으로 여겨왔다. 달걀형에 맞는 헤어스타일로 미의 극치를 살려내도록 하는 것이 헤어 디자이너의 첫 과제이다. 달걀형의 얼굴에는 세로가 가로의 약 1.5배가 보통이고, 이마가 턱보다는 조금 넓은 윤곽선을 이루고 있는 것이 일반적이다. 이런 형태의 고객에게는 달걀형의 윤곽을 그대로 살려주면서 헤어 디자인을 구상하고 시술하면, 어떤 형태의 얼굴보다도 윤곽이 아름답고 잘 어울리는 헤어스타일을 창출하여 이상적인 조화미를 엮어낼 수 있다.

(2) 원형 얼굴

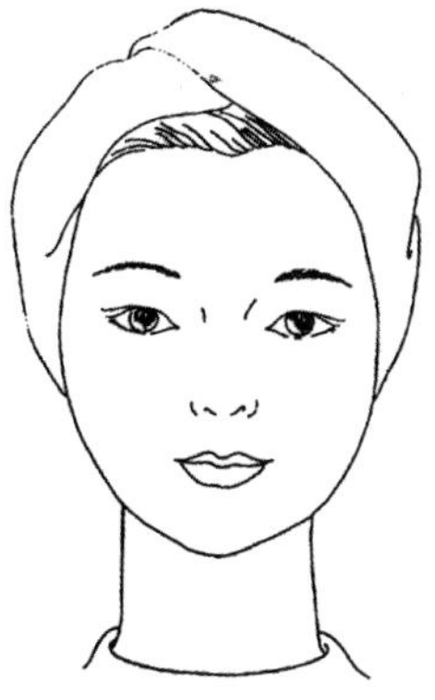

원형 얼굴

우리나라를 포함해 동양 사람에게 많은 얼굴형이다.

이런 얼굴형은, 앞머리 부분과 턱 부분의 헤어라인이 유별나게 눈에 띄는 얼굴형이다.

원형의 얼굴에는, 달걀형에 가깝도록 실제 얼굴보다 길어 보이게 하는 헤어 디자인을 할 필요가 있다.

앞머리 쪽의 뱅(bang)을 높게 하고, 옆을 부풀어 보이지 않도록 헤어라인을 살려주면, 얼굴이 길어 보이게 된다. 이 때 주의할 점은 헤어 파트와 귀 뒤로 두발을 빗어 넘기지 않도록 하는 것이다. 헤어 파트를 센터에 두지 말고 6 : 4 정도 또는 7 : 3 정도로 하는 것이 좋다. 귀 뒤로 머리카락을 빗어 넘기면, 두발형은 한층 둥근 느낌을 강조하는 것이 되어, 그런 시술을 피해야 헤어스타일이 살아난다.

(3) 장방형 얼굴

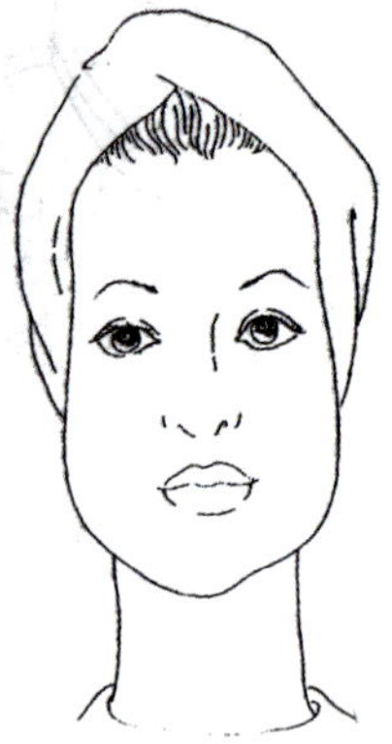

장방형 얼굴

장방형 얼굴은 세로는 길고, 가로의 폭은 좁은 얼굴형이다. 이런 얼굴의 헤어 디자인은 앞쪽을 낮게 하고, 옆쪽에 볼륨을 주도록 한다.

이마에는 웨이브나 컬(Curl)을 이용하여 뱅(Bang)을 하고, 헤어 파트는 센터 파트를 피하고, 사이드 파트를 해 주는 것이 이상적이다. 관자놀이에서 턱 쪽으로 웨이브나 컬을 주거나, 반대 말이 롤(Roll)로 볼륨을 내고, 귀 뒤로 약간의 머리카락이 보이도록 디자인하면, 얼굴이 길어 보이지 않게 된다.

(4) 사각형 얼굴

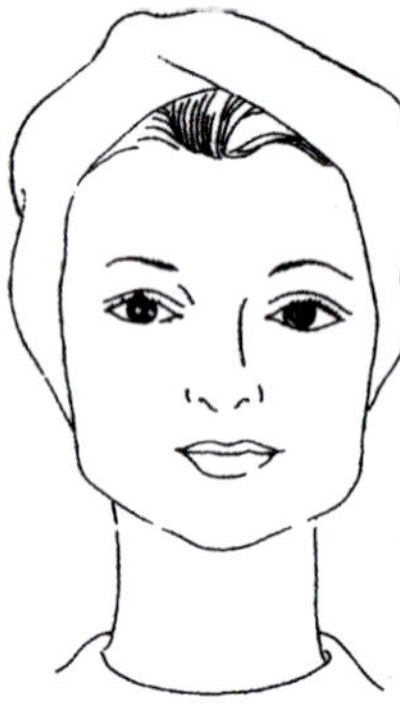

사각형 얼굴

이 얼굴형은 헤어라인이 일직선이다.

턱의 선이 모가 나며, 둥근 느낌이 전혀 없다는 것이 특징이다.

이마의 모가 난 부분을 가려주고, 측면에서 머리카락을 높게 치켜올려 한쪽 귀를 살짝 가려주며, 옆폭이 좁아 보이지 않도록 하면 부드러움을 줄 수 있다.

(5) 삼각형 얼굴

이마 부분은 좁고, 턱 쪽은 넓어 보이는 얼굴형이다.

이런 얼굴에는, 이마 쪽을 넓게 보이게 하여서 턱 쪽이 좁아 보이도록 헤어디자인을 해야 한다.

좁은 이마를 감출 수 있는 큰 뱅을 만들고, 옆선을 강조하여 양 볼의 선을 좁게 보이도록 업스타일로 마무리하면 효과가 있다. 삼각형 얼굴에는, 볼록한 턱의 선이 눈에 띄지 않도록 해주는 것이 포인트이다.

(6) 역삼각형 얼굴

이마가 넓고, 턱 선이 좁아 보이는 얼굴형이다.

이 얼굴형에는, 프런트를 약간 높게 큰 뱅으로 만들어서, 이마를 좁게 보이도록 해줘야 한다. 두발은 모아주는 헤어스타일을 만들어 주되, 머리 위를 평평하게 하는 것은 피해야 한다.

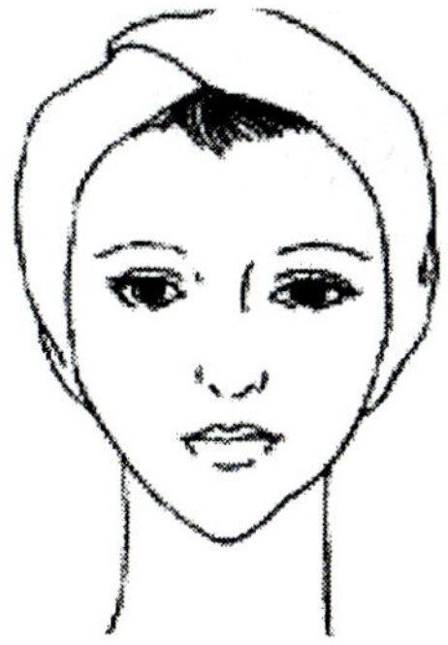

역삼각형 얼굴

(7) 마름모형 얼굴

다이아몬드형이라고도 한다.

이 얼굴형은 양 볼의 뼈가 많이 튀어나와 있고, 위와 아래쪽의 폭이 좁은 얼굴형이다.

헤어 디자인은, 상부와 하부의 폭이 모두 넓어 보이도록 해 주면서, 이마가 넓어 보이도록 해주는 것이 좋다. 옆은 부드러운 컬이나 롤을 만들어 올리고, 컬이나 롤을 이용하여 턱 선의 아래쪽으로 내려주는 헤어스타일을 만들어 주는 것이 좋다.

4) 기타 요소의 헤어 디자인

(1) 측면의 윤곽

일직선 상 · 콘케이브 상 · 콘벡스 상 · 이마의 높고 낮음과, 돌출 된 턱 등에 따라 헤어 디자인이 달라진다.

일직선상은 거의 모든 헤어스타일이 적절하게 적용될 수 있는 이상적인 측면의 윤곽이다.

(2) 콘케이브(Concave)상

콘케이브상은 네이프(목덜미)와 양쪽 옆의 귀 아래에서 머리카락을 작고 부드러운 컬이나 웨이브로 볼륨을 살려준다. 그런 다음, 두발을 얼굴 가까이 끌어내려 튀어나온 턱을 부드럽게 완화시켜 주어야 한다. 이때 앞머리의 돌출 부분을 감추기 위해, 볼륨이 있는 뱅을 앞이마 쪽으로 내려주면 헤어스타일은 효과적이다.

(3) 콘벡스(Convex)상

콘벡스상은 이마 쪽으로 컬이나 뱅을 이동시켜서 들어간 이마를 살짝 감춰 준다. 이때 뱅을 살짝 늘어뜨리는 것이 좋다.

네이프와 양옆의 두발은, 얼굴의 윤곽과 균형을 이루도록 얼굴 가까이 끌어내야 한다.

(4) 이마가 낮은 상

이런 얼굴의 경우, 낮은 이가 높아 보이지 않도록 해야 한다.

얼굴이 길어 보이도록 헤어 디자인을 해야 한다. 이때 이마 위의 컬이나 뱅을, 정상 부분에 높이 세우도록 배려하는 것이 좋다. 돌출되어 있는 턱의 경우, 두발을 관자놀이 부분에서 위로 끌어올려, 턱선 위에 부드럽게 컬로 장식, 뾰족한 턱을 보완해 줘야 한다.

(5) 목의 형태

목의 형태는 짧은 목 · 길고 가는 목 · 굵고 살찐 목 등에 따라 헤어 디자인을 달리해야 한다.

짧은 목의 경우, 목이 길어 보이도록 두발을 위로 쓸어 올려 주거나, 양쪽 옆 가까이 끌어낸다. 이때 목덜미 부분에 볼륨을 주는 헤어스타일은 피하는 것이 좋다. 길고 가는 목에는 부드러운 웨이브나 컬로 목 부분을 감싸주어야 한다.

목덜미에서 머리카락을 치켜 올리는 업스타일 형식의 헤어스타일은 어울리지 않으므로 하지 않는 것이 좋다. 굵고 살이 찐 목이나 폭이 넓고 각이 진 어깨에는, 부드럽게 컬이 된 다이애거널(Diagonal) 웨이브 헤어스타일을 해줘야 한다. 이런 형에는 수평선상의 헤어스타일은 피하도록 하는 것이 좋다.

(6) 신장

사람의 신장에 따라, 헤어스타일도 달리 디자인해야 한다.

키가 작은 사람에게는 두발을 짧게 하고, 롱(Long) 헤어스타일을 피하는 것이 좋다.

그러나 키가 큰 경우에는 이와 반대로 해준다.

5) 헤어라인

헤어라인(Hair Line)은 머리가 나는 부분이다.

헤어라인이 뒤로 들어가 있는 경우는, 두발을 얼굴 가까이 끌어내고, 헤어라인이 얼굴에 근접해 있는 경우에는, 두발을 뒤쪽으로 빗어 넘겨서 헤어스타일을 연출해 줘야 한다. 헤어라인으로는, 이마에 난 프론트 라인, 목덜미에 난 오프라인, 사이드라인 등의 명칭이 있다.

6) 두발의 질

두발이 가는 경우에는, 볼륨을 넣어 넉넉하고 볼륨 있게 보이도록 해준다. 굵은 두발에는, 두발의 숱을 강조하지 않는 곡선상의 헤어스타일을 해주는 것이 좋다.

(1) 헤어 디자인을 잘 하려면

① 기초를 바르게 익힌다.
② 여러 가지 응용 방법을 익힌다.
③ 고정관념을 버린다.
④ 여러 가지 스타일을 알고 있어야 한다.
⑤ 새로운 정보를 많이 알아야 한다.
⑥ 아이디어가 풍부해야 한다.

7) 이론과 실기 확립

아름다움을 창조하는 데는 헤어스타일, 화장, 모발의 색, 의상의 모양, 액세서리 등 여러 가지가 모두 중요하다. 그러나 헤어 디자이너는 고객의 인격, 인품, 교양을 나타내는 첫 단계가 바로 헤어스타일에 달려 있다는 것을 알아야 한다.

아름다운 헤어스타일을 창출하기 위해서는, 기본 이론의 이해와 철저한 실기가 필요하다. 머리카락을 이용하여 선(線)과 공간이 조화를 이루는 멋진 예술 작품을 만들어 내는 작업이 헤어 디자이너의 일이다.

기본 이론과 실기가 갖추어진 헤어 디자이너라면, 새로운 헤어스타일을 창출해 낼 수 있는 토대가 구축되어 있는 셈이다. 여기에다 유행의 변화에 대응할 수 있는 응용력을 불어넣으면 훌륭한 헤어스타일을 만들어 낼 수 있다. 그러나 기초 이론과 실기가 부족하다면 우선 겁부터 나고 지신이 없어진다. 따라서 헤어스타일을 변형시키지 못하고 일에 능률도 오르지 않아 고객에게 헤어스타일에 대한 메시지를 제대로 전달할 수 없게 된다.

3. 프로와 도전의식

"프로는 아름답다!"

'프로(pro)' 라는 말은 '프로페셔널(professional)' 의 준말이다. 다시 말해서 '직업적 전문가' 라는 뜻의 약칭이다.

프로는 흔히 아마추어와 대칭된다. 미용에서의 프로, 미용 전문가는 '프로페셔널 코스메톨로지스트(professional cosmetologist)' 라고 한다.

1) 단조로움에서 탈피

우리나라 사람들의 삶은 대체로 단조롭다고들 말한다.

늘 보는 TV 프로그램, 늘 듣는 노래, 비슷비슷한 뉴스….

그래서 세상 돌아가는 것이 천편일률적이라고 하는 사람들까지 있다.

미용은 어떤가?

헤어스타일은 비슷비슷하고, 커트는 그게 그것이고, 컬러는 요란하고….

이런 것은 보통 사람들의 보통 눈으로 보는 피상적인 관념과 관조의 세계에서 흔히 있을 수 있는 보통의 일들이다.

2) 프로의 세계는 냉엄하다

프로의 세계에서는 인정도, 사정도, 눈물도 없을 만큼 차갑고 냉엄하다. 같은 것이 없고, 같아서도 안 된다. 그래서 프로의 세계에서는 날로 새로운 교양과 지식, 기술을 쌓아가야만 살아남을 수 있다.

현대 미용에서 프로는 아름답고 기술은 경쟁력이다.

미용 전문가-프로페셔널 코스메톨로지스트가 되기 위해서는 미용 본연의 기술과 교양, 이론과 실제에 통달해야만 한다.

미용도 과학이라는 말을 앞에서 이미 서술했다. 여기에다가 교양을 얻어야 한다. 현대 사회에서는 문화생활의 향유로, 교양의 폭이 넓어지고, 일상 대화에서도 교양의 지혜가 응용되고 있기 때문이다. 영화, 그림, 꽃꽂이, 패션, 문학, 철학, 섹스, 레저, 공연예술, 해외 문화….

이런 여러 가지들이 고객들 입에서 거침없이 줄줄 쏟아져 나온다. 이는 바로 교양인의 척도로 자리 매김을 해가고 있다.

교양은 나와 고객, 그리고 세상과의 다리를 놓아주는 지렛대가 되고 있다. 프로라고 자처하는 미용인이 고객의 그런 대화에 국외

자(局外者)가 된다면 곤란하다. 이렇게 다양하고 폭넓은 세상을 보고 듣고 배우는 사이에 생산성은 높아지고, 프로의 기능과 도전 의식은 더욱 불타게 마련이다. 타오르지 않는 프로 의식은 꺼진 불이나 다름없다. 전문 미용인은 프로의 도전 의식으로 타오르고 있는 불이 꺼지지 않도록 열정을 기울어야 한다. 열정의 불이 꺼질 때, 전문인의 장인(匠人)정신은 둔해지고, 그 예리한 기예는 녹슬고 말 것이다.

3) 운명은 노력으로 개선

미래는 운명이 아니라 부단한 노력에 달려 있다. 운명은 누구나 타고난다.

그러나 노력에 의해 얼마든지 개선하고 보완하며 바꿔 나아갈 수 있다는 자신감을 가져야 한다.

미래는 기술과 함께 고객의 시대이다.
첨단 기술을 자랑하는 프로 미용인이
미래를 앞장서서 열어갈 것이다.
고객을 행복하게 하는 프로 미용인,
고객에게 만족을 선사하는 프로 미용인이
고객에게 기쁨을 선사하는 기술과 서비스만이
미래를 열어가고 인간의 미적 가치를
더욱 드높여 갈 것이다.

이름 없던 무명의 범부 비달사순이
세계적인 헤어 디자인으로 우뚝 선 뒤에는
자신의 프로의식과 도전의식이 있었지만,
문학 · 설계 · 사진 · 음악 · 무대예술 등
각 분야의 전문 프로들을 기용해
무한한 교양의 세계를 탐조하면서

그 오묘한 예술의 세계를 미용에 접목한 때문이었다.

행복해야 선진국이다.
마이크로소프트의 명성이
강대국 미국을 축복의 나라로 만든 것도 아니며,
왜소한 소니의 기술이
전후 일본을 선진국으로 만든 것도 아니다.
미국이 초강대국으로 되고,
일본이 선진국으로 우뚝 서게 한 것은
고객 만족을 넘어, 고객을 행복하게 이끌어준
품질과 서비스의 경쟁력을 소중하게 여기며 키워온
강인한 프로의식과 도전의식이 있었다.

이제 미용도,
국경 없는 글로벌 시대를 맞았다.
세계의 고객을 향해, 모두의 만족을 위해,
창조의 날개를 펴고, 기술의 힘을 길러야 한다.
단순한 기술적 시각 미용에서
창조적 개념 예술로 승화시켜
인류의 행복과 만족을 주는,
일상의 생활이며 삶의 일부다.

Beauty&Hair Art

ESPRIT

가슴에 담아두면 언제나 힘이 되는 말들! (빌게이츠의 명언)

세상은 그대 자신이 어떻게 생각하든 상관하지 않는다. 세상이 그대들한테 기대하는 것은 네가 스스로 만족하다고 느끼기 전에 무엇인가를 성취해서 보여줄 것을 기다리고 있다.

The world won't care about your self-esteem. The world will expect you to accomplish something BEFORE you feel good about yourself.

향락을 쫓는 마음을 넘어서라.

무미건조한 삶에서 벗어나라.

일을 바꾸면서 휴식하라.

주변의 모든 사람을 선하게 대하라.

Chapter 09

미용 기기(機器)

1. 용구와 용품(用品)

미용 기기(機器)는 미용에 사용되는 모든 기구를 일컫는 말이다.

미용은 미용사의 기술적, 이론적, 예술적 측면과, 각종 기구 및 물품을 사용하는 총체적 작업으로 이루어진다.

미용이 산업으로 발전되기 위해서는, 미용사 · 기술 · 용구가 조화(Harmony)를 이루어야 한다. 미용사는 미용을 원하는 고객의 요구에 따라, 자신이 가지고 있는 미용 기술과 지식과 경험을 바탕으로 고객의 헤어스타일을 아름답게 만들어 주어야 한다.

1) 기술과 응용

미용은 미용사의 손(기술)과, 지혜(응용)로, 고객의 헤어스타일을 아름답게 가꿔주는 것이지만, 시술 과정에서 미용 용구의 응용이 반드시 필요하다.

미용 용구로는, 시술에 필요한 미용 도구 · 미용 기구 · 미용 기계 등으로 크게 나눌 수 있다.

미용 용구는, 미용사가 시술함에 있어서 꼭 필요한 도구라는 데서 매우 엄격한 안전관리가 필요하다.

미용 용구의 생명은, 미용사가 미용 시술 과정에서 여러 분야의 기능을 발휘할 수 있는 조건을 두루 갖추고 있을 때 그 가치가 인정된다. 따라서 새로운 헤어스타일의 창출에는, 미용사의 기술 ·

미용 용구의 기능이 완벽한 조화를 이룰 때 가능하다는 것이다.

2) 미용 용구의 분류

미용 용구는 크게 미용 도구 · 미용 기구 · 미용 기계 등으로 구분한다.

일반적으로 미용 기구와 미용 기계를 통틀어서 미용 기기라고 말한다. 미용 도구, 기구, 기계 등의 분리는 사용상의 특성을 기준으로 수분하는 것이 일반론이다.

(1) 미용 도구

인간은 원시시대 때부터 각종 도구를 만들어 개발하고 이용해 왔다. 도구의 제작이나 사용은 인간 사회의 발전과 더불어 그 과정이 편리한 쪽으로 변화 발전되었다.

인간이 도구를 사용한다는 것은, 다른 동물과 구별되는 중요한 요인으로, 인간이 만물의 영상임을 입증하는 것이다.

원시시대에는 문화적 생활이 극히 미분화 상태여서 도구의 개발도 극히 미진한 상태를 벗어나지 못했다. 그러나 인간이 자연 환경 속에서 삶을 유지 발전해 나가기 위해서 도구의 개발과 이용은 매우 필연적일 수밖에 없었다.

도구는 인간 생활을 영위하는 데 가장 필수적이고 생산 활동을 위한 수단이었다. 도구의 이용은 개발의 근원이 되고 문화를 형성하는 요인이 되면서, 점차적으로 발전해 나왔다.

도구라는 말의 어원은 '일에 쓰이는 여러 가지의 연장'을 의미하는 말이지만, 본래는 '인도하다' · '갖추다'라는 의미를 지닌 말이다. 이러한 도구는 다양한 기능적 측면에서, 인간의 손과 기술을 보조하는 작용을 한다.

손이 움직여 만드는 생산의 과정을 인도하고, 손의 기술적 동작을 지원하는 역할을 해주는 것이 도구이다.

인간은 두뇌를 근간으로 손을 통해 새로운 물건을 생산해 내고 있다.

생산 과정의 제1 단계는 두뇌이지만, 그를 창출해 내는 것은 손이며 도구이다. 미용에서의 도구는, 미용사가 손으로 미용 작업을 하는데 보조적 역할을 해주는 가위 · 빗 · 핀 · 브러시 · 아이론 · 레이저 · 로드 · 핀 · 드라이기 등 여러 가지가 있다. 이러한 도구들은 미용 활동에 없어서는 안 되는 꼭 필요한 것들이다.

미용 도구는 미용사의 손이나, 손가락의 움직임을 실제적으로 돕고 보조하면서, 미용 활동을 구체적으로 가능하도록 지원하는 기능을 가지고 있다.

(2) 가위 & 빗

미용에서 가위와 빗은 없어서는 안 될 가장 중요하고도 필수적인 도구이다.

가위는 위와 아래 2개의 날이 교차되면서 모발을 자르는 연장이다. 가위의 원리는 지레의 원리를 응용한 것인데, 용도에 따라 가위의 명칭이 다양하고, 재질에 따라 여러 가지 종류로 분류되며, 사용 목적에 따라 여러 가지 이름으로 불린다.

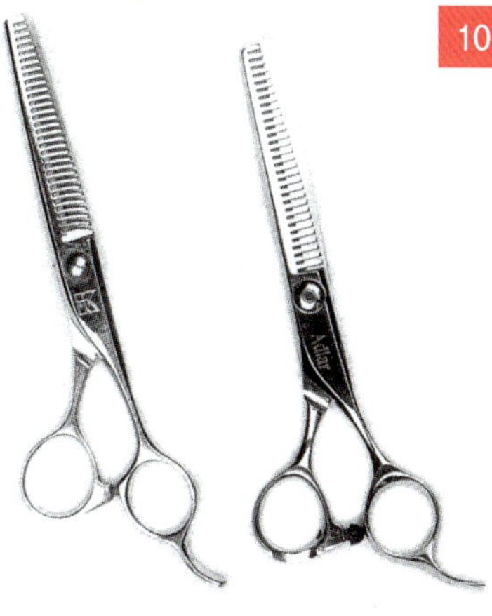

1 가위의 명칭

① 가위 끝(point) : 피부에 난 불필요한 털을 자르고, 헤어 라인 부위의 제비초리를 자르는데 사용한다.

② 날끝 : 정인과 동인의 안쪽 면이다.

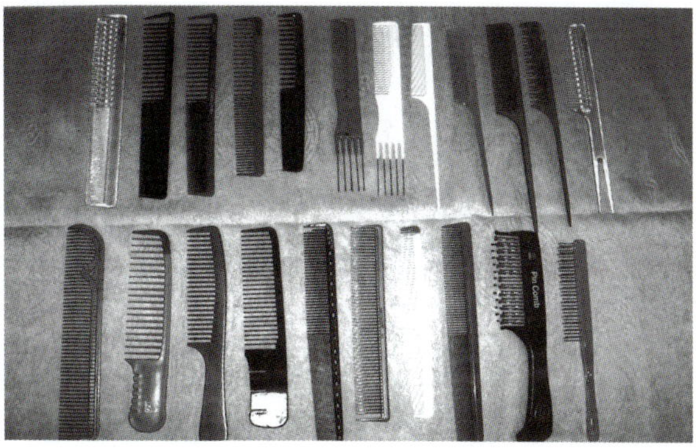

③ 동인(動刃) : 커트 할 때 엄지에 의해 조작되는 칼의 몸 도신(刀身)이다.

④ 정인(靜刃) : 약지에 의해서 조작되는 도신으로, 커트 때는 고정시켜 둔다.

⑤ 피벗 나사(선회축 나사) : 양쪽 도신을 하나로 고정시킨다. 가위의 허리.

⑥ 다리 : 피벗 나사와 환 사이의 부분. 정인의 조작에 도움을 준다.

⑦ 약지환 : 정인에 연결된 원형 고리. 약지를 끼워 넣고 사용한다.

⑧ 엄지환 : 동인에 연결된 원형 고리. 엄지를 끼워 넣고 사용한다.

2 재질에 따른 가위

① 착강 가위 : 날 부분만 특수 철강으로 가위
부분적인 수정을 할 때 사용한다.

② 전강 가위 : 전체를 특수 강철로 만든 가위.

3 사용 목적에 따른 가위

① 커팅 가위 : 모발 커트에 사용한다.

① 틴닝 가위 : 모발 숱을 쳐내는 데 사용한다.

③ 레이저 : 면도날을 말한다.

(3) 빗의 기능

빗은 흐트러진 모발을 정돈하는 데 쓰는 필수 도구이다. 5000여 년 전부터 사용해 온 역사적인 물건이다.

빗의 기능으로는,

① 모발을 빗는다.

② 커트 할 때 정확하게 다듬는 기준 역할을 한다.

③ 퍼머넌트 웨이브를 잘 하기 위한 목적으로 사용된다.

④ 트리트먼트 할 때 이용된다.

⑤ 두발의 장식용으로 이용된다.

(4) 브러시 : brush

브러시는 솔이라는 말로, 미용에서 가장 폭넓게 사용되는 기구이다.

브러시의 종류로는,

① 헤어용 브러시

② 메이크업용 브러시

③ 아이브라우 브러시

④ 마스카라 브러시

⑤ 섀도 브러시

⑥ 페이스 브러시

⑦ 네일 브러시

⑧ 샴푸제 브러시

(5) 헤어 아이론

헤어 아이론(Hair Iron)은, 아이론의 열을 이용해 모발 구조에 일시적인 변화를 주어 웨이브를 만드는 기구이다.

헤어 아이론은 화열식과, 전열식이 있다.

화열식의 대표적인 것은, 마셀 아이론이라 한다.

전열식 아이론은 지금 미용인들이 많이 쓰고 있는 기구이다.

3) 미용 기구

기구는 그릇, 연장, 세간 등 일상생활에서 꼭 필요한 것을 일컫는 말이다.

본래 기구의 기(器)는, 물건을 넣거나 담아 두는 그릇을 말한다. 그러므로 기구라고 하면 필요한 물건을 담아 보관하거나 정리 정돈하여 두는데 쓰이는 도구인 것이다. 미용 용구 가운데서 미용 기구라고 하면 소독기, 샴푸 볼, 미용용 의자, 두발용 용기, 컵 등을 꼽을 수 있다.

4) 미용 기계

일반적으로 기계는 동력을 이용하여 움직이는 장치를 일컫는다.

따라서 기구나 도구에 비해 기계는 그 짜임새나 구조, 성능 등이 매우 복잡하고, 큰 힘을 낼 수 있어서 사용 범위가 넓은 것이 특징이다.

기계도 넓은 의미에서 볼 때, 하나의 도구이다. 그러나 기계의 응용과 능력은 단순하지 않아 도구의 범위를 초월하여 큰 힘을 낸다. 기계는 인간의 능력으로는 미칠 수 없는 한계에까지 힘을 미친다는 것이 특징이다. 미용에서의 미용 기계는 헤어 드라이어를 비롯해 바이브레이터, 종합 미안기 등을 말한다.

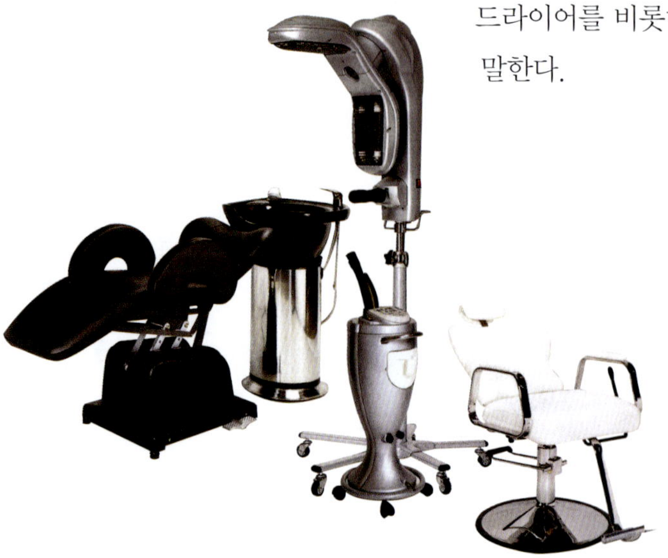

2. 실용과 환경

미용인에게 가장 중요한 업무 중의 하나는, 미용 기구에 대한 올바른 사용과 환경 및 공중위생의 유지 및 증진이다.

미용인의 제1차적 임무는 고객의 헤어스타일이나 피부 관리에 있다. 그러나 미용을 통해 환경이 오염되고, 공중위생을 소홀히 하여 국민의 건강 증진에 영향을 준다면, 미용인의 책무를 다하지 못하는 것이 된다.

그래서 미용인에게는 반드시 지켜야 하는 기본법이 있다. 이는 공중위생관리법 및 그 시행규칙 등이다.

1) 공중위생에 유념

미용인은 반드시 공중위생에 유념해야 한다.

공중위생에 관한 내용들은 「공중위생관리법」에서 규정하고 있다. 이 법은 미용업에 종사하는 사람이라면 누구나 지켜야 한다.

법의 목적 · 공중 이용 시설 · 미용인의 임무 · 책임 · 영업 범위 · 위생교육 · 기구의 소독 등 여러 가지 준수해야 할 사항들이 담겨 있다. 따라서 미용사가 되기 위해 공부하고 준비하는 사람이라면, 누구나 필수 교육 과정의 하나로, 공중위생관리법의 기본이념에 의거해 공중위생의 유지에 필요한 지식을 갖추어야 한다.

이를 위해서는, 공중보건학 · 전염병 · 소독학 · 공중위생법규 등을 이수해야 한다. 미용 일을 하는 과정에서는 이러한 일들이 항상 따라 다니기 때문이다. 이러한 지식을 토대로 미용 용구나 기구에 대한 소독, 취급 등에 늘 주의해야 하는 것이다. 일반적으로 미용 기구들에 대한 취급상의 주의 사항을 정리하면, 다음과 같다.

(1) 미용 기구를 사용할 때 주의 사항

① 미용 작업에 필요한 모든 용구는 항상 청결하게 유지한다.
② 고객에게 사용했던 용구는 일단 소독하는 것을 우선으로 한다.
③ 사용한 용구는 물기, 습기, 약제, 향장품 등을 잘 닦아낸다.
④ 미용 용구는 사용 후의 청결로 변질되는 일이 없도록 충분히 손질한다.
⑤ 용구의 보관은 항상 지정된 안전 케이스나 소독장에 보관한다.
⑥ 가위, 빗, 레이저 등의 도구들은 미용사의 분신처럼 소중하게 여겨야 한다.

이상과 같은 주의 사항은 미용실 안에서는 언제 어디서나 꼭 지켜야 하는 필수적인 기본 사항들이다. 미용 용구는 바로 미용사의 분신과 같으므로 정성스런 마음으로 잘 손질하여 고객들의 머리를 시술할 때 미용 용구에 이물질이 그대로 남아 있지 않게 해야 하며, 고객으로 하여금 용구로 인한 불쾌감을 갖지 않도록 주의해야 한다.

미용사는 기술의 숙련도와 용구의 사용 및 청결도가 반드시 궤도를 함께 한다는 것을 잊어서는 안 된다. 미용사는 자신의 분신인 미용 용구가 항상 미용 작업 환경과 미용 기술 향상에 직결되고 있다는 사실을 유념해야 한다. 이와 함께 보이지 않는 세균이나 전염병 등에 대한 예방의식도 매우 중요하다.

(2) 살균과 소독

미용실에는 각계각층의 사람들이 드나들기 때문에 세균 소독에 특히 신경을 써야 한다.

여기에는 여러 종류의 박테리아가 그 대상이 된다.

일반적으로 세균이라고 하면, 사람의 육안으로는 구별할 수 없는, 아주 작은 세포의 박테리아를 말한다.

이 박테리아는 어느 곳에서나 엄청나게 많이 기생하고 번식하는 것이 특징이다. 다시 말해서, 물 속, 음식물 속은 물론이고, 사람의 피부나 두발, 손톱 사이에도 박테리아는 번식하고 성장한다. 많은 사람들이 모이는 미용실에서는, 미용사가 많은 고객들과 자연스럽게 접촉하게 된다. 이로 인해 박테리아로부터 자유로울 수가 없다. 미용사와 고객 모두를 위해서 건강한 환경을 조성하는 일, 깨끗한 환경을 꾸려는 노력을 꾸준히 계속해야만 한다. 미용실이나, 미용관련 학교에서의 모든 미용 기구와 용품들이 완벽하게 살균되고, 소독 처리된다는 것은 사실상 불가능한 일이라고 생각하기 쉽다.

그러나 완벽에 가까울 정도로 소독 처리되어야 함이 필수적이다. 살균 처리라는 것은 세균의 성장을 차단하거나, 그 번식을 방지하기 위해서 꼭 해야 하는 위생규칙 사항이기 때문이다.

살균 소독제품에는 화학제품이 대부분이다. 따라서 사용상에 각별한 주의가 필요하다. 화학제품을 이용하여 살균 소독을 할 때에는 실수나 사고가 일어나는 일이 없도록 유념해야 한다.

화학제품을 이용해 소독을 할 때에는 반드시 지켜야할 사항들이 있다.

(3) 화학제로 소독하는 방법

① 화학제의 성능을 미리 숙지한다.
② 비누와 뜨거운 물로 기구를 충분히 씻는다.
③ 액성 소독제로 만들어 용기에 담는다.
④ 정해진 시간만큼 기구를 푹 담가둔다.
⑤ 액성 소독제에서 기구를 꺼내 물로 헹군다.
⑥ 깨끗한 마른 수건으로 잘 닦는다.
⑦ 소독된 기구는 소독장 안에 넣어 보관한다.
⑧ 보관된 기구나 용구는 필요에 따라 꺼내 사용한다.

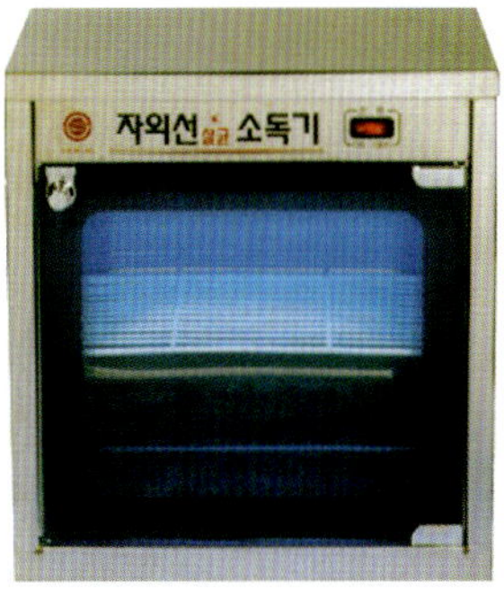

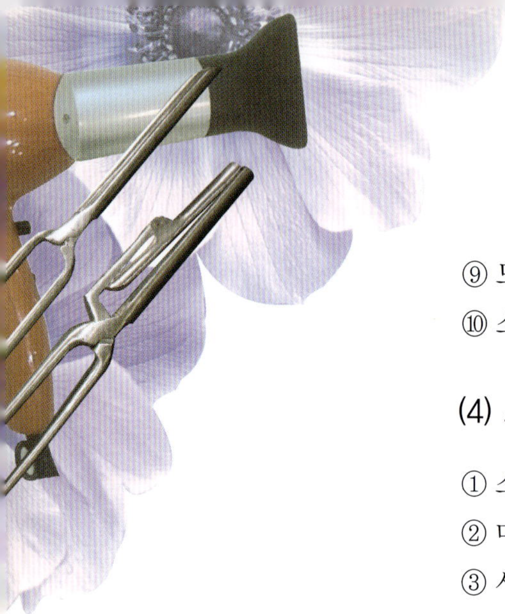

⑨ 모든 용기에는 내용을 표기한 명세표를 붙여둔다.
⑩ 소독용 화학제의 냄새를 맡지 않도록 한다.

(4) 소독 규칙

① 소독기 안의 화학 용액은 규칙적으로 갈아준다.
② 미용 기구들은 반드시 지정된 소독 용액 속에 넣어 둔다.
③ 시술할 때 사용한 기구들은 깨끗하게 씻은 다음 소독한다.
④ 머리빗과 브러시는 사용이 끝날 때마다 반드시 소독한다.
⑤ 모든 매니큐어 기구들은 사용한 후 반드시 소독한다.
⑥ 전기용품은 70%의 알코올에 적신 솜으로 닦는다.
⑦ 고객이 사용한 용구들은 다음 고객을 위해 미리 소독한다.
⑧ 샴푸하는 곳은 사용 전과 후에 반드시 소독한다.

3. 제품의 오용과 남용

헤어 제품의 오용 또는 남용으로 인한 피해 사례는, 날이 갈수록 늘어나고 있다.

이들 제품은 바로 써야 피해를 줄일 수 있다. 염색 · 탈색은 개성시대 표출의 필수 요건이다. 전문 지식을 갖고 시술해야 실수를 줄일 수 있다. 미용실에서 고객을 상대로 하는 염색 · 탈색 시술에 있어, 헤어 제품의 오용이나 남용이 심각한 수준이라는 것은 이미 밝혀진 사실이다.

이에 대한 대책도 시급한 것으로 나타났다. 이는 염색 및 탈색에 대한 기본지식과 정확한 개념, 전문성 등이 결여된 상태에서, 밝은 톤을 요구하는 고객들의 요구에 따라가기 때문에 필요 이상으로 빚어지고 있는 현상이기도 하다. 일반적으로 염색은 머리카락에 색깔을 입히는 것, 탈색은 색깔을 빼는 것으로 단순 개념만을 알고 있는 사람들이 많다. 미용인들은 고객의 요구에 따라 염색이나 탈색을 시술하게 되지만, 전문 지식이 없을 때 부작용을 유발해, 문제의 심각성이 제기되고 있는 것이다.

머리 염색제품 시장 규모는 1998년 이후 해마다 급성장, 2000년도 1500억 원대를 돌파했고, 2003년도에는 1800억 원대를 기록했다. 유통 경로는 미용실이 51%, 전문점이 33%, 약국 16%로 나타났다. 한국소비자보호원에 따르면, 머리 염색 관련 위해 사례는 2002년도에 69건이나 되었다. 미용실에서는 두피 화상 11건, 물집 발생 14건, 피부 발진 4건, 탈모 및 모발 손상 39건이었고, 가정에서는 4건이었다.

1) 전문 지식의 숙지

고객들은 모발의 건강과 손상 등에는 거의 관심을 두지 않고, 밝은 톤을 요구하는 경향이 대부분이다.

밝은 계통의 튀는 헤어 컬러도 좋지만, 우선 모발의 건강부터 생각해야 하며, 염색 또는 탈색 제품을 사용하는 미용인은 먼저 제품 속의 함유되어 있는 과학적 지식부터 올바르게 숙지하고 있어야 한다. 제품이 갖고 있는 과학적 특성은 잘 모르면서, 고객이 밝은 색을 원한다고 따라가는 현상은 탈피해야 한다. 시중 제품 가운데 일반적으로 밝은 색을 내는 탈색제는 함량 미달의 불량품, 값싼 제품 등이 대부분이라는데 주의할 필요가 있다.

이런 제품을 다량으로 동시에 사용하기 때문에 밝은 색을 내는 데는 일단 성공할지 모르지만, 모발의 손상도는 치명적이라는 것을 미처 인지 못하는 경우가 대부분이다.

2) 제품의 과다 소비

한국에 지사를 두고 영업활동을 하는 외국 유명 브랜드 제품 생산회사 측은, “자국에서 1년간 쓸 수 있는 염색 또는 탈색제를, 한국에서는 1달 정도에 다 쓴다."라는 말을 공공연하게 한다. 이 말은 한국 미용계의 남용 현실이 매우 심각하다는 것을 반증해주는 것이다. 일반적으로 좋은 제품일수록 고가이며, 사용량 · 타임 등의 사용 방법이 까다롭고, 불량품일수록 사용 방법이 용이하다. 미용인들이 저가의 제품, 사용하기 쉬운 제품을 선택한다는 것도 문제점으로 지적되고 있다.

유럽과 미국 · 일본 등 미용 선진국에서는, 최상급의 제품 사용으로 고객의 만족을 창출해주면서, 모발 보호와 건강에 치중하고 있으며, 청소년에게는 시술 금지의 규제를 통해 모발보호에 힘쓰고 있다.

3) 컬러는 개성시대 표출

미용학적으로 염색의 올바른 정의는, 염료를 이용하여 머리카락에 색소를 침투시켜 정착시키는 것을 말한다. 다시 말해서 머리카락에 고객이 원하는 색깔을 입히는 작업이다. 흔히 말하는 컬러링(Coloring)은, 새치 머리를 위한 염색과는 달라서 개성을 살리기 위한 다양한 컬러의 염색을 의미한다.

염색제품은 제1제와 제2제로 구성되어 있다.

탈색(Bleach)은, 자연적인 색소를 변화 또는 분산시켜, 모발의 색조를 제거하는 일이다. 일반적으로 염색은 새치머리를 커버하기 위한 수단이고, 탈색은 개성 표출의 방법으로 요약된다. 그러나 염색과 탈색은 밝은 색을 선호하는 시대적 유행 풍조에 따라 튀어 보이고 싶은 자기 과시형, 초월형, 차별성의 헤어스타일이다.

Chapter 10
미용 경영(經營)

1. 미용실 경영

미용업은 전문 직종의 경영 업체이다.

따라서 미용실 원장은 기술적 전문가인 동시에, 경영 · 인사 및 조직관리 · 마케팅 · 홍보 · 세무 등 영업을 총괄적으로 운영하는 매니저이다.

경영이라는 말은, 일정한 장소에서, 일정한 시설을 갖추고, 계속적으로 생산 또는 영업 활동을 하는 조직체를 운영하는 것을 일컫는다. 현대 경영에서는, 그 규모가 큰 것을 기업이라고 하고, 경영을 연구하는 학문을 경영학이라고 지칭한다.

경영에는 경영규모, 경영계획, 경영관리, 경영조직 등 여러 가지 요소들이 복합적으로 작용하게 되며, 공중위생관리법 · 근로기준법 · 각종 세법 등을 이해하고 준수해야 한다.

1) 현대 미용은 경영

현대 미용을 경영이라고 하는 것은 당연하다.

미용실도 일정한 장소에서, 일정한 시설을 갖추고, 일정한 조직으로, 고객들을 상대로 아름다움을 창출해 주는 경제 활동을 하는 영업 조직이므로, 경영의 원칙에 따라 경영을 합리적으로 해야만 성장 발전할 수 있는 것이다. 미용업도 이런 시대적 요구에 따라 조직적으로 전문적 경영 기법을 도입하고 있는 추세이다.

그런 추세에 따라, 전문 경영인을 두고 경영계획을 수립하고 그 계획에 따라 합리적으로 사업을 추진하는 프랜차이즈업이 나타났다. 사회가 발달하고, 문화적인 삶의 수준이 높아지고 사람들의 활동 영역이 넓어질수록, 미에 대한 욕망과 욕구가 증대되고 외모를 보다 아름답게, 개성적으로 가꾸려는 사람들이 많아지고 있다.

이에 따른 미용 서비스도 늘어나고 있는 것이다.

미용실의 경영이라고 할 때, 그 규모에 따라 다소간의 차이가 있을 수 있다. 그러나 고객이 요구하는 헤어스타일 등에 대해 서비스를 해주고, 정당한 요금을 받으면서, 미용업을 발전시키는 것이 궁극적 목적이라는 점에서는 다를 바가 없다.

미용실이 발전 성장하는 길은, 경영자인 원장과 종업원인 미용사들이 혼연 일체가 되어 경영 합리화에 동참하고, 미용실의 특성을 살리며 부가가치를 올리도록 노력하는 것이 경영 원칙이다.

2) 미용실 CEO

미용실 경영에도 최고 경영자(最高 經營者)인 CEO 시스템이 도입되고 있다.

그 규모나 인적 자원에는 차이가 있어도 CEO적인 경영으로 새로운 발전을 모색하고 있는 것이 현실이다. 이제까지의 미용실 경영개념은, 원장의 기술적 능력과 성실성 그리고 미용실의 위치 등으로 작은 성공을 거둘 수 있었음이 사실이다. 그러나 현대 산업사회에서는 이런 단순 조건만으로는 미용실이 성공하기에는 부담이 크다. 미용업도 이제는 과거와는 달리, 「동네 가게」 수준에서 벗어나, 실내 인테리어와 휴식 공간의 다양화, 살롱화로 변모하고 있다. 종업원의 조직 및 인사관리, 고객관리, 마케팅 전략, 회계관리 등도 새로운 시스템으로 변환해야 한다.

원장은 자신의 기술적 노하우와 오랜 경영 경험만으로는, 미용실을 유지 발전시키기에는 무리한 점이 많은 시대가 되었다.

미용실 원장은 경영 CEO가 되어야 한다. 자신이 갖고 있는 기술로 고객에게 시술하는 전문적 기능인의 위치에서, 미용실을 경영하는 최고의 CEO가 되도록 변신해야 한다.

3) 미용 CEO의 길

① 미용 CEO가 되기 위해서는, 새로운 미용 이론, 기술에 대한 정보를 먼저 습득해야 한다. 이를 미용실에 접목하여, 고객 서비스에 대한 수준을 업그레이드 시키도록 노력해야 한다.

② 현재에 안주하지 말고, 열정과 창조성으로 최고의 고객 서비스를 제공하도록 변신하는 것이 필요하다.

③ 고객에 대한 신뢰와 사랑으로 고객관리에 최선을 다 해야 한다. 어떤 고객이든 믿음과 존경을 갖게 하고, 예의를 지켜야 한다.

④ 최고의 장인 정신으로 무장한 확고한 프로 미용인이 되어야 한다. 적어도 미용 시술에서는 막힘이 없어야 한다.

⑤ 토털 미용의 달인(達人)이 되어야 한다. 새로운 헤어스타일의 디자인과, 세련된 패션으로 조화미를 표출하는 미용인이 되어야 한다.

⑥ 고객과 눈높이를 맞추어야 한다. 당당한 외모, 자신 있는 표정, 상냥한 미소로, 탁월한 실력을 유감없이 표출하는 미용인이 되어야 한다.

⑦ 항상 고객에게 겸손해야 한다. 잘난 체하는 것, 과시하려고 하는 자세는 버리는 것이 옳다. 고객에게 늘 자연스럽게, 편안하게 대하는 것이 좋다.

⑧ 자신의 인생관, 윤리관, 도덕관을 분명히 해야 한다. 그리고 교양 있는 원장, 지혜로운 원장, 정직한 원장의 이미지를 업그레이드해야 한다.

2. 법령 이해와 교육

미용사가 미용실에서 준수하고 이해하며, 지켜야 하는 법령들이 있다는 것을 앞에서도 예를 들었다. 미용사들은, 공중위생관리법 · 동법의 시행령 · 동법의 시행규칙은 필수적으로 준수해야 한다. 이는 미용의 기본법이기 때문이다.

다음은 근로자의 권한과 의무 등을 규정한 근로기준법, 미용과 관련된 각종 세금에 대한 세법이 있다. 법치국가의 국민으로서, 법을 준수하는 것은 국민의 의무 가운데 하나이다.

미용사와 관련되거나, 미용업과 연관되는 법령에 대해서는, 충분한 이해와 지식을 가지고 있어야 한다. 법령을 모르거나, 잘 못 이해하고 있다가 불이익을 당하는 경우가 있는데 이래서는 안 된다. 그런 까닭에, 관계되는 법령들을 미용사들도 반드시 알고 이해하며 준수해야 하는 것이다. 오늘은 미용사이지만, 내일은 원장이 될 수 있고, 미용실 경영자가 될 수 있다는 전제 조건 아래에서 더욱 그렇다.

(※ 이 단원은 가변성에 유의)

1) 공중위생관리법

미용업과 관련되는 법으로는 공중위생관리법이 있다.

이 법은, 법의 기본 목적과 방향 등을 정한 공중위생관리법과, 이 법을 시행하는데 필요한 사항들을 정한 공중위생관리법 시행령 그리고 이 법을 적용하는데 따른 규칙들을 정한 공중위생관리법 시행규칙으로 나뉘어져 있다.

일반적으로 볼 때, 공중위생관리법과 같은 기본법은 국회에서 제정한 것이고, 동법의 시행령은 대통령령으로 정하며, 동법의 시행규칙은 해당 부처의 장관이 마련하는 것이다.

기본법인 공중위생관리법에는, 미용사가 되거나, 미용업을 하려면 자격증 또는 면허증을 취득해야 되는 조건 · 미용업의 목적 · 미용사의 임무 · 미용업소의 설치 · 미용업 개설 절차 및 신고하는 곳 · 영업자의 위생관리 의무 · 영업자가 준수해야할 위생관리 기준 · 미용기자재의 소독기준과 방법 · 미용업소의 지도감독 · 위반 업소에 대한 행정 및 시정명령 · 위반자에 대한 처벌 규정 등을 명시하고 있다. 이들 각 항에 대해 필요한 세부사항을 시행령과 시행규칙에서 상세하게 밝혀놓은 것이다. 따라서 법을 시행하고 위법(違法) 사항을 규제 단속하는 것은, 법의 시행규칙에서 제1차 적용되고, 다음은 법의 시행령 또는 법령으로 올라가게 된다.

미용실에서 미용사들이 1차적으로 준수해야 하는 대상이 되는 법칙은, 보건복지부가 만든 공중위생관리법 시행규칙이다. 법을 위반하면 그 사안에 따라 징역 또는 벌금, 과태료, 행정처분, 시정명령 등을 받게 된다. 이러한 법률은 시행 과정에서 불합리한 점이나 미비점이 발견될 경우, 수시로 개정된다는데 주의해야 한다. 참고로 공중위생관리법에서 정한 미용업의 정의(법2조)는 다음과 같다.

▷미용업의 정의 (법2조)-
미용업이라 함은 "손님의 얼굴 · 머리 · 피부 등을 손질하여 손님의 외모를 아름답게 꾸미는 영업"을 말한다.

공중위생관리법에서 미용 영업자가 준수해야 할 위생관리 규정으로는, 다음과 같은 것들이다.

(1) 금지 사항

① 미용실에서 미용사는 '점빼기 · 귓볼뚫기 · 쌍꺼풀수술 · 문신 · 박피술 · 기타 이와 유사한 의료행위'를 하여서는 아니 된다.

② 피부미용을 위해 '의료기구나 의약품을 사용하거나 또는 보관' 하여서는 아니 된다.

③ 영리를 목적으로 '무자격 안마사로 하여금 의료법이 정하는 바에 의한 시술 목적으로 하는 안마시술행위'를 해서는 아니 된다.

④ 미용사는 '면허증을 타인에게 대여' 하여서는 아니 된다.

⑤ 미용업소 안에서는 '윤락 · 음란 행위를 묵인하거나, 그 행위에 사용할 수 있는 기구 등을 보관' 하여서는 아니 된다.

2) 근로기준법

근로(勤勞)는 일정한 업소에서 정해진 시간 동안 노무에 종사하는 것을 말한다. 여기에는 근로자가 일정한 보수를 받고, 일 한다는 조건의 근로계약이 있고, 근로자가 반드시 엄수해야 하는 근로기준이 있다.

근로기준법은 헌법의 규정에 의하여, 근로자와 고용자 모두를 보호하고, 사업을 발전시키기 위한 통일적인 법률을 말한다. 근로기준법은 근로자들의 최저 생활을 보장하고, 능력에 따른 합당한 대우를 받게 한다는 것이 기본이념이다.

이 법은 5인 이상의 사업장에 적용함을 원칙으로 하고 있으나, 4인 이하의 사업장도 이에 준하는 규정을 적용하도록 대통령령으로 밝히고 있다. 근로기준법에서는 근로조건 · 근로계약 · 최저임금 · 근로시간 및 휴식시간 · 초과 근로 · 휴일과 휴가 · 여성과 연소자 · 안전과 보건 · 복지와 재해보상 · 근로감독관 · 기타 벌칙조항 등을 밝혀놓았다.

여기서 문제가 되고 있는 것은, 근로시간과 임금 문제이다. 법으로는 하루 휴식시간을 제외하고 8시간을 초과할 수 없으며, 주당 44시간(휴식시간 제외)을 초과할 수 없으나, 탄력적 운영으로 48시간까지는 허용하고 있다.

그러나 많은 영세 사업장들이 이 조항을 성실하게 이행하기 어렵다는 것이 현실 사업현장의 근로 상황이다.

임신 중인 여성 근로자, 18세 미만의 연소자에 대해서는 법이 정한 근로 기준시간을 연장할 수 없다고 명시하고 있다. 다만, 사용자와 근로자의 합의에 의해, 주당 12시간을 연장 근로하게 하거나, 휴식시간을 변경할 수 있도록 했다. 여기에 해당하는 업종은 미용을 포함해 다음과 같다.

(1) 근로시간 연장할 수 있는 업종

① 운수업 · 물류 판매 및 보관업 · 금융보험업
② 영화제작 및 흥행업 · 통신업 · 교육연수 및 조사업 · 광고업
③ 의료 및 위생업 · 접객업 · 소각 및 청소업 · 이용업 · 미용업
④ 기타 공중 편의 또는 업무 특성상 필요할 경우, 대통령이 정하는 사업으로 한다.

근로기준법의 정신과 이념, 목적에 따라 고용주와 근로자 모두가 합당한 권한과 의무를 가진다.

고용주의 권한과 의무 중에는, '폭행 · 협박 · 감금 · 기타 정신상 또는 신체상의 자유를 부당하게 근속하는 수단으로, 근로자의 자유의사를 제한하거나, 이에 반하는 근로를 강요해서는 아니 된다'고 명시하고 있다. 고용주는 근로자가 근로 시간 중에, 선거권 · 기타 공민권 행사 또는 공익직무를 집행하기 위해 필요한 시간을 청구할 경우, 이를 거부하지 못하도록 하고 있다. 이 때 다만 근로자가 청구한 시간을 변경 조정할 수는 있도록 했다.

고용주는 근로자를 해고하는 일에 대하여 정당한 사유가 없이

해고 · 휴직 · 정직 · 감봉 · 기타 징벌을 하지 못한다. 그러나 고용주는 근로자가 다음 사항에 해당할 때는, 임의로 해고 할 수 있다.

(2) 임의 해고 사항

① 근로자가 3개월 간 계속 근무하지 아니할 때
② 근로 계약에서 2개월간의 근로 계약을 했을 때
③ 월급 근로자로서 6개월이 되지 못했을 때
④ 계절적 업무로 6개월 이내의 기간을 정하여 채용했을 때
⑤ 수습 사용 중 무능하다고 인정되었을 때

3) 세법

세법(稅法)은 조세의 부과 · 징수에 관한 법규로, 조세법(租稅法)이라고도 한다.

국민은 누구나 경제행위에 관해 납세의 의무를 진다. 경제행위에 관한 과세소득은, 종합소득 · 퇴직소득 · 양도소득 · 산림소득으로 크게 나뉜다. 그러나 퇴직 · 양도 · 산림소득에 대해 종합소득과 합산할 경우, 부담액이 과중하다 하여, 종합소득에 합산하지 않고 분리 과세하고 있다.

종합소득에는 근로소득 · 사업소득 · 이자소득 · 배당소득 · 부동산 임대소득 · 일시 재산소득 · 기타 소득으로 다시 쪼개진다. 이러한 모든 소득이 발생할 때에는, 세법이 정한 바에 따라서 합당한 세금을 부담하게 되는 것이다.

미용사가 미용실을 개설하고자 할 때에는, 사업장 해당 지역의 관할 세무서에 사업자 등록을 신청하고, 사업자 등록증을 교부받아야 한다.

사업자 등록증을 교부받은 다음에, 미용실 상호 · 사업주 · 사업장 소재지 및 기타 변동 사항이 생기면 정정 신고를 해야 한다.

사업자 등록증을 분실했을 경우, 분실 사유서를 제출하고 재교

부를 받아야 하고, 폐업 또는 휴업을 하고자 할 때는, 관할 세무서에 신고하여야 한다. 사업자 등록을 하지 아니하고 미용실 영업을 하다가 적발될 경우, 신고 전 5년까지 영업행위에 대해, 최고 매출액을 기준으로 소급 적용하여 무거운 세금이 부과될 수 있다.

(1) 미용과 관련된 세금

① 사업소득세(법인은 법인세)
② 부가가치세(상거래 때 발생)
③ 근로소득세(종업원에게 해당)
④ 퇴직소득세(종업원에게 해당)

사업소득세는 5월 1일부터 31일 사이에 관할 세무서에 신고하되, 중간 예납(11월)중에 전년도 분의 2분의 1 정도 안에서 낼 수도 있다. 부가가치세는 1기와 2기로 나눠, 예정 신고 · 확정 신고를 해야 한다.

근로소득세는 경영주가 근로자의 봉급에서 해당 세금을 원천 징수한 뒤, 다음 달 10일까지 세무서에 신고하고 은행에 납부해야 한다. 미용업은 연간 매출에 따라, 4800만 원 이상인 일반 과세자와, 4800만원 미만인 간이과세자로 구분되며, 이에 따라 세율도 달라진다. 일반 과세자의 경우도 △종업원이 있는 경우 △사업장이 10평 이상인 경우 △월세가 50만 원 이상인 경우에 따라 세율이 다르다. 세금을 기한 내에 납부하지 않을 경우, 예외 없이 가산금을 물어야 한다.

(※ 이 단원은 가변성에 유의)

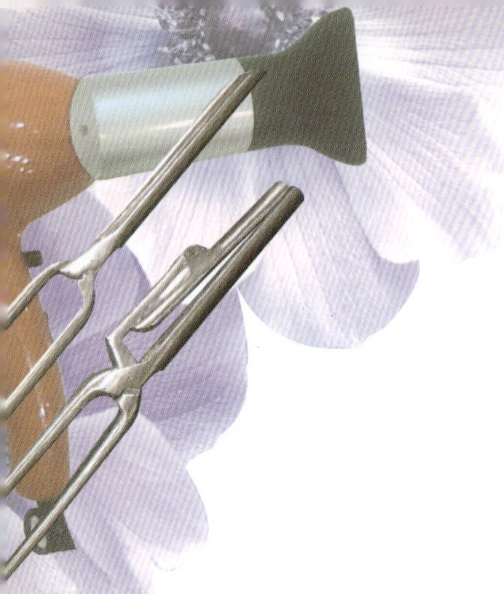

3. 인사 및 고객관리

현대는 자기 PR 시대이자, 커뮤니케이션(Communication) 시대이다.

미용이라고 해서 예외일 수는 없다. 본래 PR(Public Relation)은, 기업이나 관청 등에서 하는 사업의 목적에 대해, 그 정당성과 타당성이 공공(公共)의 이익을 위하는 일이라는 점을 일반 대중들에게 널리 알리는 선전 활동을 말한다. 따라서 고객의 외모를 아름답게 해주는 업을 근본으로 삼고 있는 미용실에서 그 구조나 조직, 기술적 특성 등을 널리 알린다는 것은 매우 당연하다.

더구나, 원장의 대외적 미용 활동을 널리 선전하는 일은, 다른 미용실과의 차별화 전략을 위해서 필요한 일이며, 선의의 경쟁력을 강화하는 일이다. 때문에 미용실의 PR은 차별화 홍보 및 마케팅 전략을 위해서 꼭 필요하다.

커뮤니케이션(Communication)은 전달 · 선전 · 통신 · 연락 등을 일컫는 말이지만, 여러 사람들이 대중 사회를 이루고 생활하는 인간 사이에서 이루어지는 시상의 교류 · 교환 · 전달 등을 의미하기도 한다.

따라서 미용실은 경영주인 원장과, 종업원인 미용사간의 커뮤니케이션, 고객과의 홍보 및 커뮤니케이션이 잘 되어야 한다. 미용실이 원장과 미용사, 고객과의 공감대를 형성하지 못하고, '너는 너', '나는 나' 라는 등식이 성립되어서는 절대로 안 된다.

1) 인사관리의 중요성

미용실의 발전은, 철저한 인사관리, 기술관리, 고객관리에 있다고 해도 지나친 말은 아니다.

미용실 발전의 열쇠는 경영주와 종업원의 원활한 관계, 종업원들 사이의 원만한 유대관계 형성여부에 달려 있다. 이런 관계가 원만하지 못하고 균열되어 있다면, 미용실은 성공적으로 경영되기 어렵다. 지구상에 있는 모든 사람들 가운데 비슷한 사람은 많아도, 똑 같은 인간은 한 명도 없다고들 말한다.

사람은 생김새가 다르고, 행동이 다르며, 생각하는 사고력도 다르다. 인간의 게놈 연구 프로젝트에 의거하여, 똑 같은 인간을 만들어 낼 것이라고 하지만, 똑같은 인간의 출현은 좀 더 두고 봐야 할 일이다. 사람이 서로 다른 한, 기술이 똑 같을 수는 없는 노릇이다.

미용사에게 가장 중요하게 요구되는 덕목은, 기술과 건강이다. 전문인으로서의 기술은 필수적인 것이며, 이 기술을 고객에게 시술함에 있어서 건강이 따르지 못 한다면 곤란하다.

미용사의 건강은, 육체적 건강과 함께, 정신적인 건강도 함께 따라야 한다. 미용사는 평균적으로 볼 때, 앉아서 작업하는 시간은 짧고, 일어서서 전신을 동원하여 일하는 시간이 대부분이다. 그래서 중노동이라는 표현을 쓴다. 그리고 고객을 상대로, 고객의 요구에 따라, 아름다움을 창출해야 하기 때문에, 정신적으로 무척 고달픈 작업의 연속이다.

미용사 각자가 고객에게 시술하고 서비스하는 일은, 미용실의 부가가치를 창출하는 경영과도 직결되고 있다. 때문에, 미용사 개인별 책임감, 일의 처리 능력, 고객 서비스, 기술의 척도, 근면 성실성, 정직성 등 모든 측면에서 종합적인 인사관리가 매우 중요하다. 인사관리에 있어서, 경영주인 원장이 종업원인 미용사에 대해 해야 할 역할과, 종업원이 경영주에게 건의할 사항 및 준수사항 등은 다음과 같다.

(1) 경영주의 역할

① 업무분담을 확실하게 해 준다.
② 각자의 책임 한계를 명확히 해 준다.
③ 근무 환경을 명랑하게 해 준다.
④ 미용실 분위기를 자기 집처럼 친숙하게 이끌어 준다.
⑤ 제품사용, 업무보고 등을 일상 생활화한다.
⑥ 새로운 기기와 신제품에 늘 신경을 쓴다.
⑦ 4대 보험, 휴가, 세미나 등에 경비와 시간을 할애한다.
⑧ 정기적인 회의, 교육, 토의 등으로 경영합리화를 추구한다.

(2) 종업원의 역할

① 업무의 효율성에 주력한다.
② 책임을 남에게 미루지 않는다.
③ 근무 중에는 항상 최선을 다한다.
④ 여유 시간은 자기 계발에 할애한다.
⑤ 좋은 근무환경을 만드는데 협력한다.
⑥ 언제나 명랑하고 활발하게 행동한다.
⑦ 모든 일을 긍정적으로 처리한다.
⑧ 불필요한 언행을 자제한다.

2) 고객관리의 필요성

미용실 경영의 최대 수입원은 고객이다.
따라서 고객관리는 미용실 운영과 성공의 필수 요건이 된다.
고객관리를 위해서는 고객과의 커뮤니케이션이 원활해야 한다.

(1) 고객과의 커뮤니케이션

① 고객의 요구에, "그건 안 됩니다." "그렇게는 못 합니다." 라는 말을 해서는 안 된다.

② 고객의 주문에, "No(아니오)" 라는 말도 하지 않는 것이 좋다.
③ 고객의 무리한 요구가 있을 때는 거절보다는 대안을 제시하고 의논한다.
④ 고객에게 믿음과 친밀감을 준다.
⑤ 고객이 하는 말을 경청하고 자신 있게 시술한다.
⑥ 고객이 하나를 요구하면 제2, 제3을 헤아리는 추리력을 길러야 한다.
⑦ 고객에게 다정하고도 완벽한 상담자가 되도록 노력한다.
⑧ 고객과 공감대를 형성하고, 결론을 먼저 내리지 말도록 한다.
⑨ 고객의 반론에는 적절하고도 명확하게 대처한다.
⑩ 고객의 심리를 파악해야 한다.

3) 고객에게 만족을

어떤 고객이던 간에, 고객은 철저하게 자기중심적일 수밖에 없다. 고객 만족을 줄 수 있는 계획을 철저하게 수립한다. 고객에게 만족을 주지 못할 때, 그 고객은 떨어질 것이 뻔하다. 한 사람의 새로운 고객을 유치하는 일은 쉽다. 그러나 기존의 고객을 잘 관리하는 것은 더 어렵다. 고객관리를 잘 할 때, 그 고객이 새로운 고객을 인도해 줄 수 있다는 진리를 간과해서는 안 된다. 고객에게 만족을 주기 위해서는, 미용실의 경영 마인드, 마케팅 전략, 미용사들의 서비스 태도, 교양과 지식, 시술 능력, 모발 진단 능력, 피부 관리 개선방안에 이르기까지 폭넓게 고객 만족을 위한 계획을 세워야 한다.

4) 교육은 성공의 열쇠

직원 교육은 절대적으로 필요하다.

미용실의 발전과 미용사의 자질 향상, 자기 발전의 원동력이자 성공의 열쇠가 바로 교육이다.

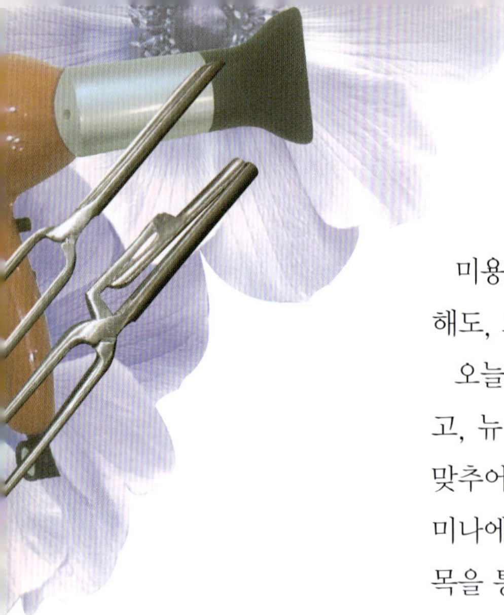

미용 이론과 기초 과정이 잘돼 있고, 기술이 아무리 뛰어나다고 해도, 교육이 없으면 뒤질 수밖에 없다.

오늘날의 미용계 흐름은, 새로운 테크닉이 빠른 속도로 개발되고, 뉴 트렌드가 눈부실 정도로 소개되고 있다. 이러한 흐름에 발맞추어, 재교육 세미나도 수시로 열린다. 기회가 있을 때마다 세미나에 참여하여, 새로운 기술을 재정립하고, 새로운 기술과의 접목을 통해, 재충전하는 지혜를 가져야 성장한다. 발전하는 시대에 맞게, 새로운 사조에 부합되게, 미용 이론과 신기술을 다듬고, 창조력을 길러서 예술로 승화시키려는 노력이 필요하다. 이러한 노력 없이 자기 발전을 기약할 수는 없다.

프로 헤어 아트(Pro Hair Art)

Beauty & Hair Art

Chapter 11
헤어의 묘사(描寫)

1. 헤어의 개념

헤어(Hair)는 무엇인가?

간단히 말하면, 우리 몸에 나 있는 털, 모발을 지칭한다. 그러나 일반적으로 헤어라고 하면 모발을 가리킨다. 헤어에 관해서는, Chapter 2. 제6부 「미용의 특질」 편에서 일부 설명했으나, 각론 편에서 상세히 다루고자 한다. 모발인 헤어는 외부로부터의 마찰, 추위, 위험 등을 막아 주면서, 몸을 보호하는 기능을 한다.

이와 함께 몸을 장식하고, 인상을 부드럽고, 아름답게 해준다. 인간의 피부에는 거의 탈로 덮여 있다. 이 털은 몸의 위치에 따라, 긴 머리카락으로 되거나, 가는 털로 나오고, 눈썹이나 수염 같은 털로 나오기도 한다. 그러나 우리 몸에서 털이 없는 곳도 있다.

입술, 손바닥, 발바닥 같은 곳에는 털이 없다.

헤어는, 몸의 각 부분별로 길이 · 굵기 · 성장 속도 등이 각각 다르다. 모발의 굵기는 0.005~0.2mm이고, 두피의 헤어는 약 0.1mm인데, 헤어의 굵기는 일반적으로 여자보다는 남자가 굵다. 인종 · 나이 · 성별에 따라서도 다르다.우리 몸의 헤어는, 대략 다음과 같이 구별된다.

① 모발 또는 두피

② 눈썹과 속눈썹

③ 수염 또는 콧수염

④ 몸 전체의 털

⑤ 남녀의 국부

⑥ 겨드랑이

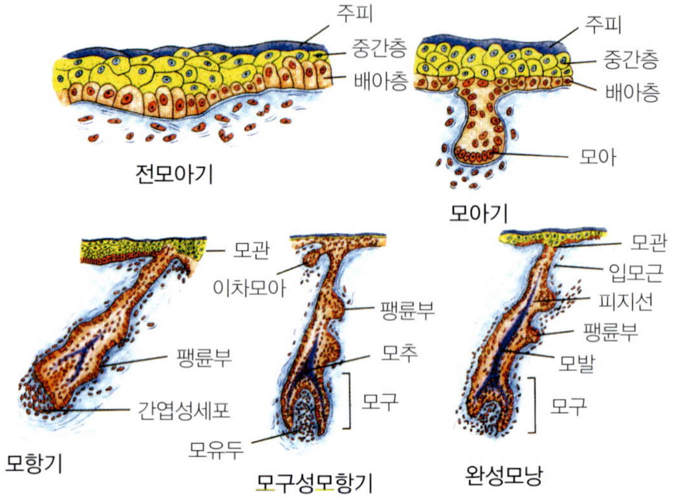

[모발의 발생]

이러한 구분은, 일반론에 의한 개념이다.

사람의 얼굴에 있는 헤어에 대해, 미용학적으로는 각기 역할이 다른 전문 용어가 있다.

① 두모(頭母 : capilli scalp hair)

② 미모(眉毛 : super cilla 또는 eye brows)

③ 수모(須毛 : barba 또는 beard)

두피 헤어(scalp hair)는, 뇌를 보호하고, 도와주는 쿠션 역할을 한다. 눈썹과 속눈썹은 외부로부터 들어오는 먼지나 이물질을 막아 주고, 눈의 작용을 부드럽게 해준다. 수염은 얼굴을 보호하는 기능이 있다. 남성과 여성 모두가 수염을 가지고 있으나, 남성의 수염은 자라는 대신, 여성의 수염은 자라지 않은 것이 보통이다.

남성 호르몬이 수염을 여성보다 거칠게 만들고 있기 때문이다.

국부(局部)의 헤어는, 남녀의 생식기를 보호하고, 겨드랑이 털은 피부의 마찰을 완충시켜준다.

2. 헤어의 묘사

1) 헤어의 묘사(描寫)는 미용 예술이다

미용에서의 헤어는, 주로 모발을 의미한다.

모발로써의 헤어는, 바로 헤어스타일(hair style)의 기본 조건이 된다. 전체적인 외모에서 헤어스타일이 차지하는 비중은 대단히 크다. 여기에는 미용 기술이 절대적인 역할과 작용을 하는 것이다. 그래서 미용에서는 헤어의 묘사라고 말한다. 묘사라는 말은, 예술적인 용어이다. 자연적인 사물을 있는 그대로 표현해 낸다는 미술적 요소도 있다. 심리학에서는 사람의 마음을 드러내는 묘사의 개념으로도 사용된다.

하지만 예술의 세계, 특히 미용의 영역에서의 묘사는, 인간이 가지고 있는 자연적인 모발에 화학적 제품과, 과학적 도구, 그리고 인간의 기술을 가미하여, 어떤 객체를 객관적이고도 구체적으로 아름다움을 창출해 내는 작업을 의미한다. 본래의 외형을 아주 다른 심미적 형태로 바꿔놓는 일이, 바로 미용에서의 헤어 묘사이다. 인간의 모발을 이름다운 예술 작품으로 변형시키는 사람을 미용인 또는 헤어 디자이너라고 부른다.

2) 헤어의 질과 모형

헤어에는 독특한 질과 모형이 있다.

이를 머릿결의 조직이라고 하는데, 조잡하고 거친 모발, 굵기가 중간 형태인 모발, 섬세하고 가는 모발, 곱슬머리 형태의 모발, 뻣뻣하고 곧은 형태의 모발, 곡선 모발 등으로 나눈다.

① 거친 모발(coarse hair) : 너무 짧으면 모발이 들뜬다.
② 중간 모발(medium hair) : 보통 중간 모발이다.
③ 가는 모발(fine hair) : 얼굴의 앞, 이마 위, 정수리 탑 부분에 볼륨을 주기위해 짧은 듯한 길이가 좋다.

모발 숱이 적은 고객에게는, 모발의 길이를 너무 짧게 하지 말아야 한다. 그럴 경우, 모발이 너무 적어 보이고, 힘이 없어 보인다.

④ 곱슬머리(curly hair) : 자연 웨이브나, 컬로 길이를 짧게 자르면, 모발이 건조된 뒤 더욱 짧아 보인다. 더구나 머리에 들러붙은 것 같이 보여 안 좋다.
⑤ 곧은 모발(straight hair) : 뻣뻣하게 곧은 모발. 이런 모발을 자를 때, 젖은 모발은 40~50% 늘어난다는 것을 염두에 두어야 한다.
⑥ 곡선 모발(wave hair) : 웨이브가 약간 있는 모발. 웨이브의 결을 잘 맞추어 빗어 내리며, 모발을 잡은 손에 당기지 않도록 한다.

3. 여성과 뷰티

여성은 누구나 아름다움을 추구한다. 예뻐지고 싶지 않은 여성은 이 세상에 단 한 사람도 없다.

누구나 진실하고, 착하고, 아름다워 사랑 받기를 갈구하면서, 진선미를 추구하고 있는 것이다.

미용은 바로 이런 여성의 욕망을 채워주는 일을 해야 하는 전문

직이다. 때문에, 헤어의 묘사는 바로 헤어스타일의 창조에 달려 있다. 헤어스타일은 모발을 매만지고 다듬어서 아름답게 가꿔주는 일이다. 흔히 서양 여성의 머리형을 헤어스타일이라는 말로 대변한다.

인간은 고대로부터 현대에 이르기까지, 자연적인 모발을 미용이라는 개념이나 또는 위생상의 이유로 자르고, 동여매고, 모양을 내면서 헤어스타일을 변화시켜왔다. 이런 일은 인류 역사와 함께 계속되어 왔으며, 미래 사회에서도 지속될 것이 분명하다.

여성의 모발 가꾸기, 헤어의 묘사에 의한, 헤어스타일은 제2차 세계대전 이후인 1950년대부터 활발해졌다. 당시 여성들의 사회 진출이 활발해지면서, 활동하기 편하고 간편하면서도, 여성적인 아름다움을 표출할 수 있는 헤어 묘사가 본격적으로 전개된 것이다. 그 대표적인 예가 퍼머넌트 웨이브와 커트 머리이다.

1) cut & blow dry

1970년대에 들어와서, 「커트 앤드 블루 드라이 ; cut & blow dry」라는 이름으로 영국에서 등장한 새로운 헤어 묘사가, 자연스럽고도 간편함 때문에 선풍적 인기를 끌면서 지구촌 여성들의 머리 위에 접목되었다.

이 기법은 때와 장소, 나이와 직업에 알맞은 헤어스타일로 변형이 되면서, 여성들의 사랑을 받아온 헤어스타일이다.

cut & blow dry 기법의 헤어 묘사는,

① 모발을 샴푸하거나 자른 뒤
② 드라이어와 브러시, 빗만으로
③ 헤어스타일을 낼 수 있는 기법이다.
④ 현재 각자 손쉽게 이용하고 있다.

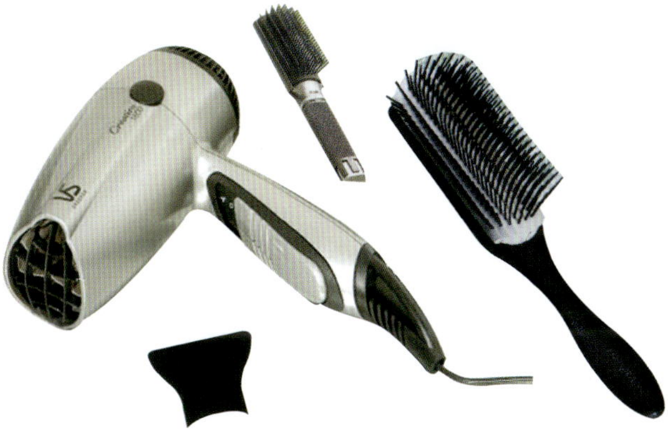

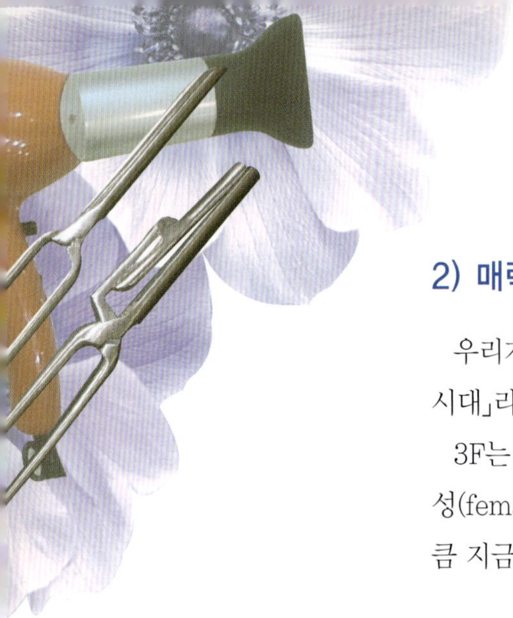

2) 매력이 지배할 때

우리가 지금 살고 있는 새로운 밀레니엄 21세기를 가리켜,「3F 시대」라고 말한다.

3F는 감각의 패션(fashion), 자극적 느낌(feeling), 매력적인 여성(female)이라는 말의 영문 앞머리 글자를 이르는 말이다. 그만큼 지금은 개성미 넘치는 매력이 지배하는 시대가 되었다.

"아름답고, 우아하고, 지적이며
교양이 넘치는 젊은 여성들!
이것은 매력이 지배하는 사회를 리드해 가는,
완벽한 여성들의 이미지이다."

주거 문화의 개량과 문화 예술의 풍요로, 생활 방식이 혁명적으로 달라졌고, 의상과 함께 헤어스타일도 다양해졌다.

머리카락은 색색의 고운 물결로 출렁거리고, 느슨하게 빗어 넘긴 헤어스타일의 여성들이 거리를 활기차고 활보하며 아름답게 수놓는다.

동백기름을 발라 정결하게 다듬었던 현모양처의 머리 형태는, 고전적 작품으로 그 자리를 물려주었다.

치마는 짧아지고, 청바지가 유행되고 있다.

젊은 여성들의 시원한 노출, 당당한 패션, 아름다운 헤어스타일로 멋진 앙상블을 이루면서, 미용사들의 새로운 헤어 묘사를 창조해 내는 손길은 더욱 바빠지고 있다. 얼굴 화장은 짙어지고, 눈에는 다양하고도 개성있는 안경들이 씌워지고 있다. 서양의 어느 도시, 유행의 거리가 아니더라도, 서울을 비롯해 전국 대도시 어디서나 만날 수 있는 모습들이다.

이런 현상은 활동하는 젊은 여성들에 의해, 이룩되고 퍼져 나가는 사회적 변화 속에서, 자유 · 평등 · 관능의 표출 양상의 한 면이기도 하다.

이러한 시대적 사조는, 더 아름다운 헤어 묘사를 위해 미용실에도 심리학과 경영학 및 철학을 끌어들이는 전기가 되었다.

3) 미용 견습생의 꿈

1960년대, 프랑스 파리에서 있었던 실화이다.

"우리도 언젠가는 우리의 살롱을 가질 것이다!"

스페인 태생의 이주민 미용 견습생, 마리아와 로지 자매가 낯선 타국 땅 유행의 거리 파리에서 외쳐댄 꿈의 절규였다.

그들 자매는 미용 견습생으로 열심히 기술을 익혔다.

살롱의 실내 청소로부터 고객 접객, 원장의 잔심부름까지 마다하지 않고 최선을 다하며, 자신의 살롱 꿈을 이루기 위해, 기술을 익히는데 열정을 다 바쳤다.

그런 착한 자매에게 "스스로 하는 자에게는 하늘이 복을 내려준다."라는 격언이 실현되었다.

그들은 마침내 꿈을 이루었다.

'뚤르즈 미용실'을 오픈, 경영자로 변신했다.

언니 마리아와 동생 로지는, 고객의 머리카락을 자르며, 헤어 묘사에 전념했다. 막내 남동생도 미용실에 나와, 누나들을 도우며 샴푸 일을 맡았다.

어머니는 날마다 아침 일찍 미용실 가게 문을 열고, 밤늦은 시각에 미용실 문을 닫는 일을 도와주었다.

마리아의 미용 솜씨는 날로 발전했고, 그녀를 찾아오는 고객들은 점점 늘어났다. 파리의 유명한 헤어 디자이너가 마리아를 조수로 발탁하였다. 그래서 미용실은 동생 로지가 운영하게 되었다. 그들 자매는 미용실을 번화가 유행의 거리로 옮겼다. 신문들은 이국에서 온 처녀 미용사 자매를 인터뷰했다.

"꿈을 이룬 어린 소녀들!
미용 견습생 자매였지만, 성실과 근면, 눈부신 기술과 금으로 만든 손가락을 가졌다. 사업가가 되어 우아함의 산실 – 포부르그 쌩또노레 거리에 살롱을 열었다. 마리아는 미용계에 심리학적 개념을 접목시키면서 개혁을 일으켰다. 어린 미용 자매는 이렇게 절규했다."

"못생긴 여자는 없다!
다만 생기 없는 고단한 삶을
살고 있는 여성들만이 있을 따름이다."

어린 자매의 미용실 이야기는, 국경을 넘어 유럽으로 퍼져 나갔다. 마리아와 로지 자매는, 자신들의 미용실에서 화장 · 의상 · 피부 관리는 물론이고, 액세서리의 선택과, 고객을 접대하는 예절 방식까지를 토털 개념으로 접목시켜 나갔다. 그들 자매는 미용 예술가로서, 파리 상류사회 마담들로부터 격찬과 신뢰를 한 몸에 받았다. 그들 자매는 미용실 살롱을 근대 경영기법으로 경영하면서 성공을 거두었고, 미용학교까지 세워 후진들을 양성하는 일에도 매달렸다. 미용실 한쪽에는 액세서리 · 보석 종류 · 스카프 등도 진열했다. 그리고 다시 남성들을 위한 헤어 살롱도 오픈했다.

파리의 신문들이 "황금 손을 가졌다"고 격찬했던 미용 자매가 세상을 떠난 뒤, 조카인 크리스토퍼 까리타가 고모의 미용 명성을 이어가기 위해, 1986년 사업 등록을 하여, 그 후광을 등에 업고 번창해 나갔다.

Chapter 12

퍼머넌트 웨이브

1. 퍼머넌트 웨이브(Permanent Wave)의 개념

퍼머넌트 웨이브는, 자연 상태의 두발에 대하여, 물리적 또는 화학적 방법을 가하여 두발의 상태를 바꾸는 미용 기술이다.

두발의 상태나 구조를 웨이브 형태로 바꾸어 아름답게 만드는 작업을 말한다.

헤어스타일을 완성시키는 것이 퍼머넌트 웨이브 기법이다.

웨이브는 본래 물결, 파도, 굽이침 등으로 사용되는 말이다.

"그녀의 머릿결은 자연스럽게 물결치는 곱슬머리!"
She has a natural permanent wave in her hair.

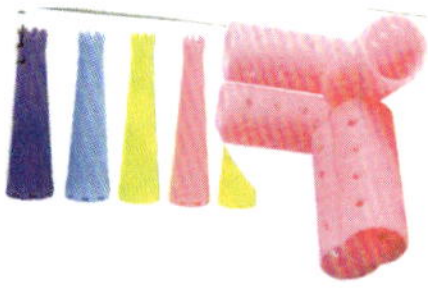

서양에서는 퍼머넌트 웨이브를 백인의 두발 손질을 좋게 하기 위해서 하고, 흑인의 꼬불꼬불한 두발을 일직선으로 펴기 위해 사용하는 기법이다.

반대로 한국을 포함한 동양에서는, 일직선의 두발을 웨이브나 컬(Curl)로 부드럽고 아름답게 하고자 퍼머넌트 웨이브를 시술하고 있다. 두발의 영구적인 컬을 만드는 일을, 퍼머넌트 웨이빙(permanent waving) 또는 화학적 웨이빙, 콜드 웨이빙, 산성 웨이빙이라고도 한다. 퍼머넌트 웨이브를 흔히 파마, 펌 등으로 줄여 부른다.

1) 퍼머넌트 웨이브의 발명

찰스 네슬러

퍼머넌트 웨이브의 역사는, 고대 이집트로 거슬러 올라간다. 알칼리 토양의 알칼리와 열을 이용에, 두발에 웨이브를 만든 것이 퍼머넌트 웨이브의 기원이라고 보고 있다.

그 뒤, 고대 로마와 그리스로 전파되어 사용되었다. 그러나 현대적 퍼머넌트 웨이브의 역사는, 1900년 초라고 보는 것이 정설이다.

영국 런던에서 찰스 네슬러가, 고대 이집트에서 사용하던 알칼리와 열의 원리를 이용한 히트 웨이브를 개발했는데, 이를 「열 파마」라고 불렀다. 그는 히트 웨이브를 세계 최초로 사람의 머리에 시술하는데 성공했다. 붕사를 바른 모발을 금속 막대에 감아말아서, 순간적으로 100℃ 이상 150℃의 높은 열을 가하여 만든 것이었다.

네슬러가 개발한 이 방법은 스파이럴 식이라고 한다.

긴 머리카락에만 시술이 가능했다. 그 뒤, 미비점을 보완하여 짧은 머리카락에도 시술이 가능한 크로키놀 식이 개발되었다. 그러다가 1936년에는 영국 J.B 스피크먼이 두발 케라틴의 화학 구조와 열을 이용하지 않고, 시스턴 결합을 끊는 연구를 시작했다. 이 연구로 인해, 콜드 웨이브(Cold wave)의 시술 원리가 전해지면서, 미용계는 새로운 시대를 맞았다.

1960년대에 접어들면서 미국의 영화배우, 할리우드의 마녀, 영원한 미인 마릴린이 아름다운 금발의 웨이브로, 터질 듯한 육감적인 몸매로, 지구촌 남성들의 마음을 사로잡으면서 흠모의 대상이 되었다.

〈모간부의 구조〉

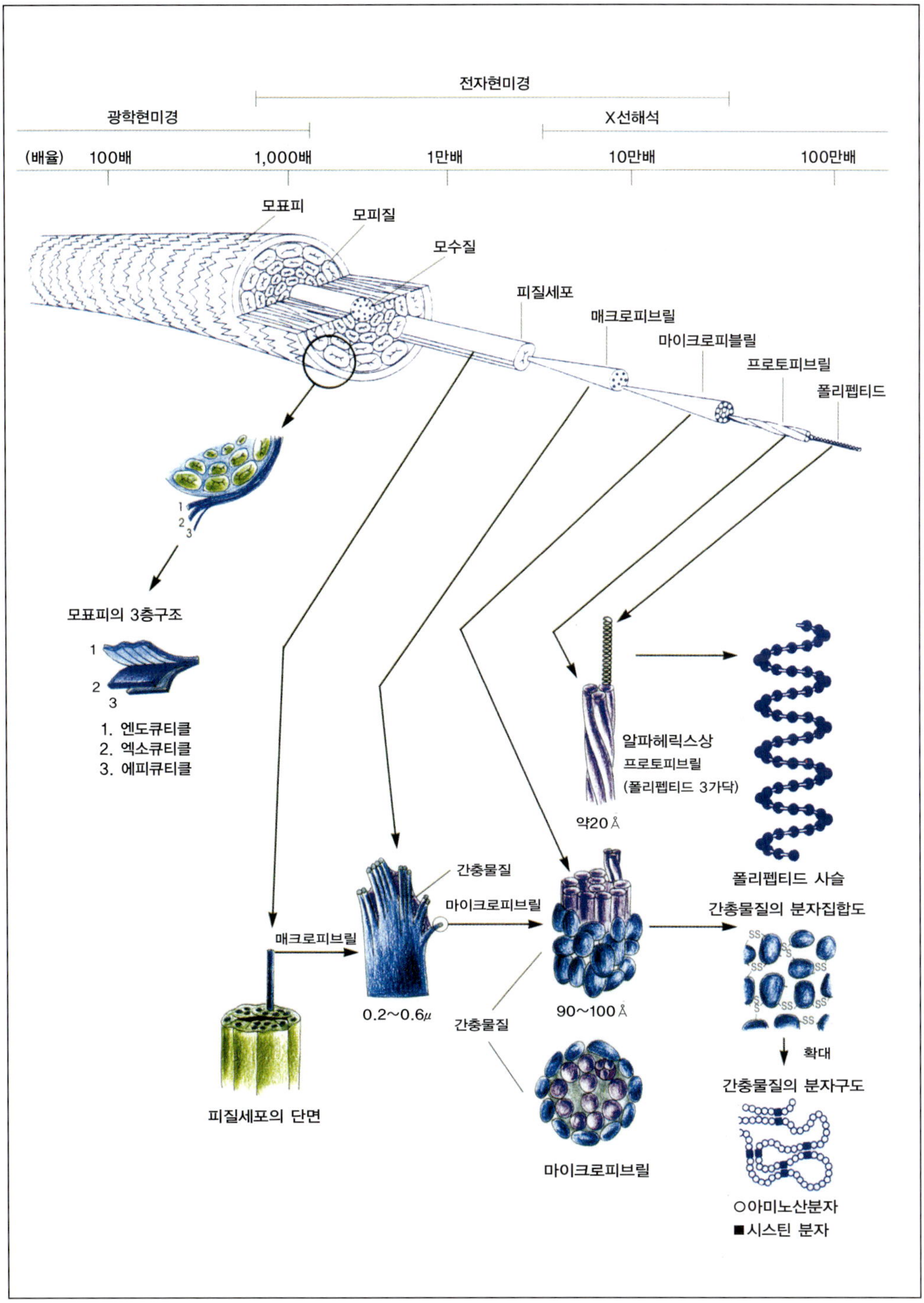
전자현미경
광학현미경
X선해석
(배율) 100배
1,000배
1만배
10만배
100만배
모표피
모피질
모수질
피질세포
매크로피브릴
마이크로피블릴
프로토피브릴
폴리펩티드
모표피의 3층구조
1. 엔도큐티클
2. 엑소큐티클
3. 에피큐티클
알파헤릭스상
프로토피브릴
(폴리펩티드 3가닥)
약20Å
폴리펩티드 사슬
간충물질
마이크로피브릴
매크로피브릴
0.2~0.6μ
간충물질
90~100Å
간충물질의 분자집합도
확대
간충물질의 분자구도
피질세포의 단면
마이크로피브릴
○아미노산분자
■시스틴 분자

2) 퍼머넌트 웨이브의 기초 지식

퍼머넌트 웨이브의 원리를 이해하려면, 먼저 두발의 성질과 구조를 아는 것이 좋다.

이는 퍼머넌트 웨이브를 시술하는데 반드시 필요한 전제 조건이기 때문이다.

(1) 두발의 성질과 구조

두발의 주요 부분은 피질부로 구성되어 있다.

피질부는 주로 케라틴(keratin)이라고 하는데, 케라틴은 탄력성이 풍부한 단백질이다.

케라틴은 우리들의 몸 여러 곳에 퍼져 있다. 피부, 두발, 손톱, 발톱 등을 이루고 있는 것을 피질부라고 한다. 케라틴은 여러 가지 아미노산이 펩티드와 결합하여 맺어진 폴리펩티드로 이루어졌다. 케라틴에는 유황의 함유량이 많다. 이러한 이유는 케라틴을 이루고 있는 아미노산 중에서, 가장 함유량이 많은 시스텐 분자에 황(S) 분자가 많이 들어 있기 때문이다.

시스텐의 S–S 결합은 매우 단단하여 물, 알코올, 에테르, 약산, 염류 등에는 무척 강하다. 그러나 알칼리에는 매우 약한 성질을 갖고 있다. 두발은 잡아당기면 늘어나고, 잡아 당겼다가 놓으면, 원래 상태로 돌아가는 성질이 있다. 물기를 함유하고 있는 머리카락은, 건조한 머리카락에 비해, 잡아 당겼을 때 늘어나는 폭이 크다.

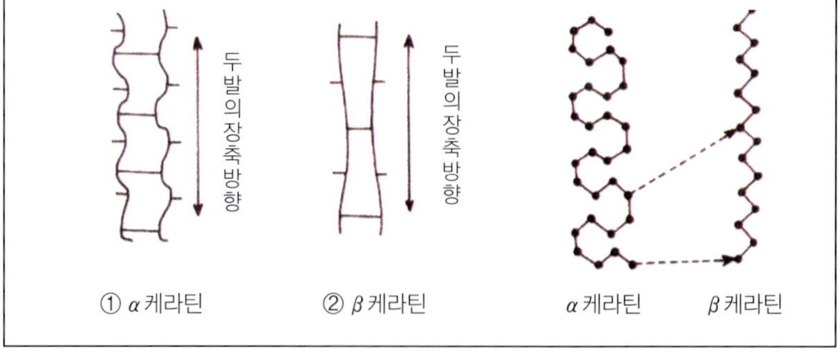

2. 웨이브를 만드는 방법

두발은 신축성의 성질이 있다. 잡아당기면 늘어나고 놓으면 제자리로 되돌아간다. 물에 젖은 모발이 건조한 모발보다 잘 늘어난다. 이것은 α케라틴이 β케라틴으로 변화하는 작용에 의한 것이다.

물이 폴리펩티드 속에 있는 쇠사슬 부분의 화학결합에 작용에서 절단하기 쉽도록 만들어지기 때문이다. 이것을 건조하면 컬이 형성된다. 컬은 시간이 흐름에 따라, 습기나 샴푸 등에 의해 본래의 형태로 돌아가기 때문에, 케라틴의 각 폴리펩티드 사이에 있는 시스틴(Cystine) 결합은 오래 동안 유지될 수 없다는 문제가 있다. 따라서 자연의 상태에서 쉽게 절단되지 않는 시스틴 결합을, 화학적으로 절단하는 환원작용을 통해 두발에 웨이브를 낸다. 이 웨이브를 낸 상태에서 다시 시스틴을 결합시킴으로써, 산화작용을 일으켜 웨이브를 반영구인 형태로 안정시키는 작업 과정이 바로 퍼머넌트 웨이브의 원리이다. 웨이브를 보다 간편하게 만드는 방법으로는, 두발에 알칼리성 약제를 사용한다. 이 방법은 매우 손쉽고 효과적이다.

사람의 머리카락은 알칼리성에 의해서 부피가 늘어나는 팽윤(澎潤) 성질이 있다. 이 성질을 이용한 것이 알칼리성에 의한 웨이브 기법이다. 이로 인하여 α케라틴에 β케라틴으로 변화가 용이하게 이루어지고, 웨이브를 쉽게 만들 수 있는 것이다. 시스틴 결합을 절단시키기 위해서는, 시스틴을 환원시켜야 한다. 이때는 재 모습으로 돌아가는데 필요한 환원제를 사용하는 것이 좋다.

1) 히트 퍼머넌트 웨이브

히트 퍼머넌트 웨이브(Heat permanent wave)는, 알칼리성 약액을 이용하여 가열함으로써 멋진 웨이브를 만드는 기법이다.

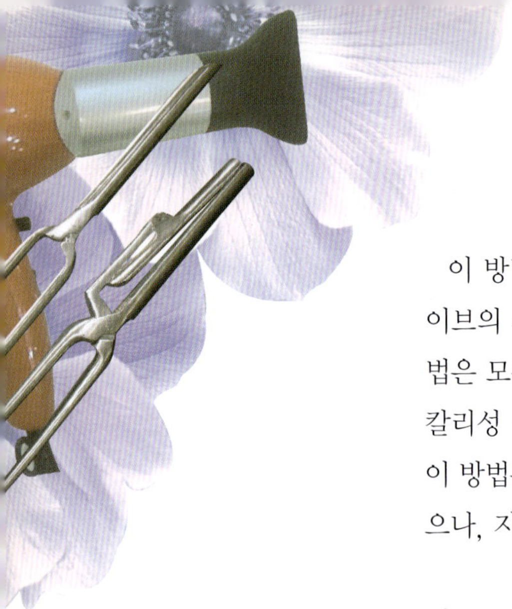

이 방법으로는 머신 웨이브와, 머신 리스 웨이브, 프리 히트 웨이브의 세 가지 기법이 있다. 알칼리성 약액을 만들어 사용하는 방법은 모두 같다. 암모니아수, 붕사, 탄산칼륨, 탄산나트륨 등의 알칼리성 물질 이외에 아유산염을 소량으로 넣어 수용으로 만든다. 이 방법은 1960~1970년대에 우리나라와 일본에서 크게 유행되었으나, 지금은 사용하지 않는다.

2) 콜드 퍼머넌트 웨이브

콜드 퍼머넌트 웨이브(Cold permanent wave)는, 알칼리성 환원제의 환원 작용에 의해, 시스틴 결합을 절단시켜 웨이브를 만드는 기법으로, 가열하지 않는 방법이다.

이 상태로 로드에 감아 웨이브를 만들고, 산화제를 사용하여 절단된 시스틴 결합에 작용시키면, 웨이브 모양 그대로 자연 두발일 때와 같은 시스틴 결합이 이루어져서, 오래 동안 아름다운 웨이브를 지탱할 수 있다.

3) 콜드 퍼머넌트 웨이브의 종류

콜드 퍼머넌트 웨이브의 종류는, 일욕법(一浴法 · one step wave), 이욕법(二浴法), 삼욕법(三浴法) 등이 있다.

(1) 일욕법

일욕법은, 티오글리콜산 암모늄을 주제로 한 제1 액 한 종류의 솔루션만으로 웨이브를 만드는 방법이다.

제1 액 속에는 망간, 철, 구리 등의 금속 염제가 들어 있다.

이 솔루션을 이용하여 두발을 로드에 감으면, 금속 염류의 작용은 일어나지 않고, 티오글리콜산 암모늄만 작용을 일으키면서 두발을 환원시킨다. 이 때 환원된 두발은 공기 중의 산소를 흡수하면서, 망간, 철 등이 촉매작용을 하도록 한다. 이렇게 하여 자연스럽게 중화작용이 이루어지고, 웨이브를 형성하게 된다.

(2) 이욕법

일반적으로 콜드 웨이브는 제1액과, 제2액을 사용하는 것이 기본으로 알려져 있다. 제1액과 제2액의 두 종류의 솔루션을 이용하여 웨이브를 만드는 방법이다.

이욕법은 시술 방법에 따라, 가온(加溫) 이욕법, 무가온(無加溫) 이욕법, 산성 퍼머넌트, 시스테인 퍼머넌트, 거품 퍼머넌트 등으로 나뉜다.

가온 이욕법은 제1액을 바른 후, 히딩 캡이나, 헤어 스티머 등을 사용하여 60℃ 이하로 열을 가해서 웨이브를 만드는 방법이다.

무가온 이욕법은, 제1액의 환원 작용과, 제2 액의 산화 작용만을 이용하여 열을 가하지 않고 웨이브를 만드는 방법이다.

산성 퍼머넌트는, 제1액을 그대로 두 번에 나눠 사용하되, 보조제품을 쓰지 않는다. 다만 환원제의 작용이 약하기 때문에, 웨이브 형성도 약하다. 환원력이 약하기 때문에, 60℃이하로 열을 가해 환원력을 높여야 한다.

시스테인 퍼머넌트는, 티오글리콜산을 사용하지 않고, 두발에서 취한 시스테인이라고 하는 아미노산의 일종을 사용하여 두발을 환원시키는 방법이다. 두발의 시스틴 결합에 수소를 주어, 시스테인으로 환원시키고, 제2액인 브롬산의 산소로 시스틴을 결합시켜 웨이브를 만든다. 이 기법의 특징은, 시술 후 두발에 남아도 손상시키지 않으며, 시간이 지날수록 웨이브를 안정시켜 준다는 점이다.

거품 퍼머넌트는, 제1액과 제2액 속에 다량의 계면 활성제를 넣어 거품기로 거품을 일으켜서 사용하는 기법이다. 이 방법은 약 액이 피부로 흘러내리는 경우가 드물어서, 염증을 일으킬 염려가 없다. 거품 자체에 보온성이 있어서, 히팅 캡이나 스티머 등을 사용하지 않아도 된다.

(3) 삼욕법

두발을 팽윤 또는 연화시키는 제1액을 와인딩 전용액이라고 한다.이 액을 사용하여 두발을 말아 웨이브를 만드는 기법이다.

미용사의 손에 대한 자극이 적다. 환원 작용을 하는 제2액은 와인딩 후에 바르며, 그 뒤에 히팅 캡이나 스티머 등을 사용하지 않는다. 제3액은 산화제이며, 제2액과 같은 작용을 한다.

4) 제1액 & 제2액의 성분과 작용

이욕법에 의한 콜드 웨이브 기법은, 영국 리즈대학교 J.B 스피크먼 교수가 연구 개발했다.

환원제와 알칼리성 물질 및 산화제를 사용해서 실시하는 시술 기법이다. 제1액과, 제2액의 성분과 작용은 다음과 같다.

(1) 제1액

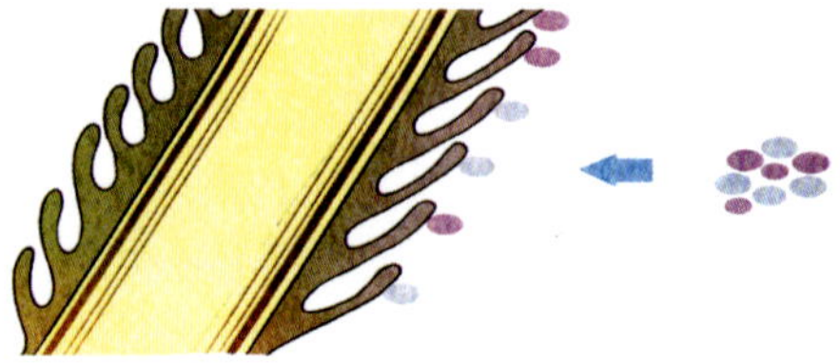

일시적 염모제의 침투 범위

제1액은 프로세싱 솔루션(Processing solution)으로, 환원 작용을 하는 용액이라는 말이다. 간단히 설명해서, 두발을 웨이브하기에 좋은 상태로 만들어주는 것이다. 자연 상태의 두발에 작용해서 시스틴 결합을 환원시켜주고, 시스틴의 구조를 변화시켜 거의 갈라지게 한다.

제1액의 주제는, 두발의 구성 물질을 환원시키는 작용을 하는 환원제이다. 따라서 알칼리성이다. 환원제로는 독성이 적고, 두발에 대한 환원 작용이 좋아야 한다.

환원제로는 티오글리콜산이 많이 사용된다. 본래 산성이지만,

산에는 환원 작용이 약하고, 알칼리에서는 환원 작용이 강하기 때문에 많이 쓰고 있는 것이다.

(2) 제2액

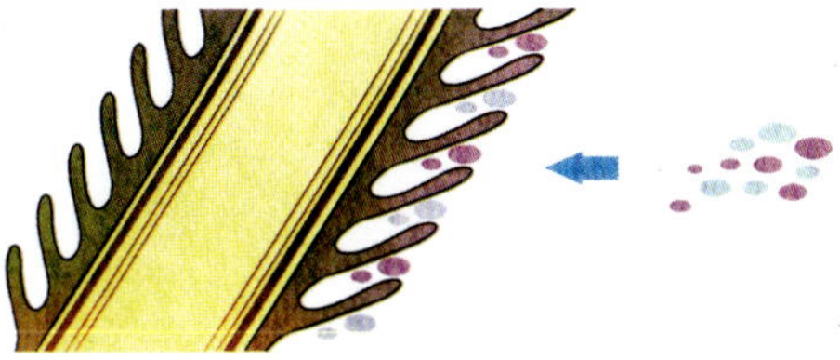

일시적 염모제의 침투 범위

흔히 산화제, 또는 중화제라고 한다.

중화제는, 뉴트럴이즈(neutralize)라는 말로, 중화시킨다는 말에서 유래되었다. 환원된 두발에 작용해서 시스틴을 변형된 상태로 결합시키고, 원래의 자연적 두발 상태로 되돌아오게 하여 형성된 웨이브 스타일이 오래 가도록 고정시켜 준다.

제2액의 주제는 산화제이다.

산화제로는 과산화수소, 취소산나트륨(일명 브롬산나트륨), 취소산칼륨 등이 사용된다.

(3) 취급할 때 주의할 점

① 깨끗하게 샴푸하도록 한다. 머리에 금속, 기름기 등이 있으면, 제1액의 작용이 떨어지기 때문이다.

② 샴푸 할 때 손톱 등으로 상처가 나지 않도록 한다. 상처가 나면 제1액의 자극을 받아, 피부염을 일으키기 쉽기 때문이다.

③ 제1액 사용 중에는 얇은 고무장갑을 착용한다. 사용 후에는 손을 깨끗이 닦고 크림을 바른다.

④ 표백, 염색, 손상된 두발에는 되도록 낮은 농도의 제1액을 골라 사용한다.

⑤ 제1, 제2액의 사용 시간을 잘 지킨다. 사용 시간이 너무 길거나, 단축되면 효능이 떨어지기 때문이다.

⑥ 제2액을 사용 후에는 충분히 세정한다. 세정이 잘 안 되어

있으면, 두발의 색이 변하거나 냄새가 난다.

⑦ 제1액과 제2액은 따로따로 분리하여 어둡고 그늘진 곳에 보관한다. 광선의 영향을 받으면 황색으로 변하거나, 온도 상승에 따라 발화할 가능성이 있기 때문이다.

3. 웨이브 시술의 조건

헤어 디자이너에게는 고객의 모발 및 두피에 대해 올바른 진단이 필수적이다. 이는 정확한 시술을 할 수 있는 기본 조건이 된다.

모발 및 두피에 관한 올바른 진단과 시술에는, 몇 가지 조건이 따른다. 두피 상태 · 모발의 다공성 · 모발의 질 · 모발의 신축성 · 모발의 밀집도 등을 정확히 진단해야 올바른 시술을 할 수 있다.

프로세싱(processing · 진행 과정) 타입의 설정 · 로드 · 약액의 선정, 사전처리의 필요성과 직결되는 중요한 조건들이기 때문에, 무척 신경을 써야 한다.

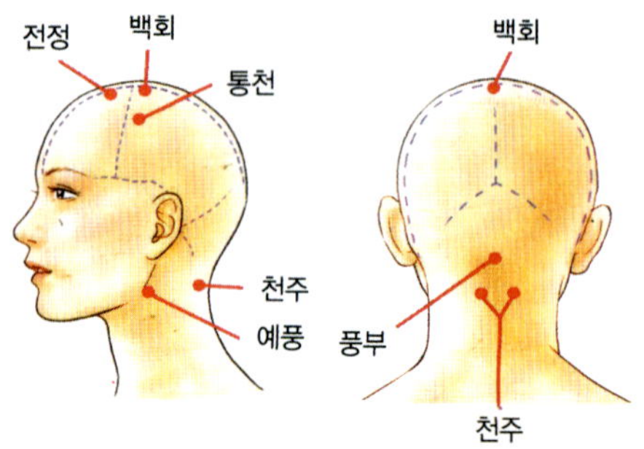

(1) 두피 상태

시술 전에, 고객의 두피에 상처 · 염증 등의 이상 상태가 없는 지, 모발의 손상은 없는 지를 정확하게 살펴봐야 한다.

두피에 이런 증상이 있다면, 회복될 때까지 퍼머넌트 웨이브 시술은 하지 않는 것이 좋다.

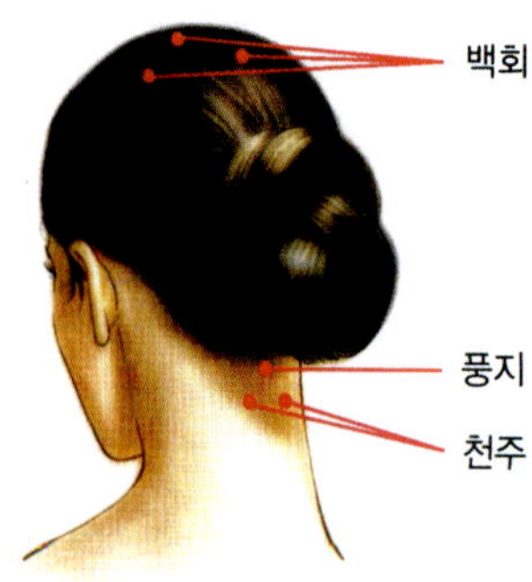

(2) 모발의 다공성

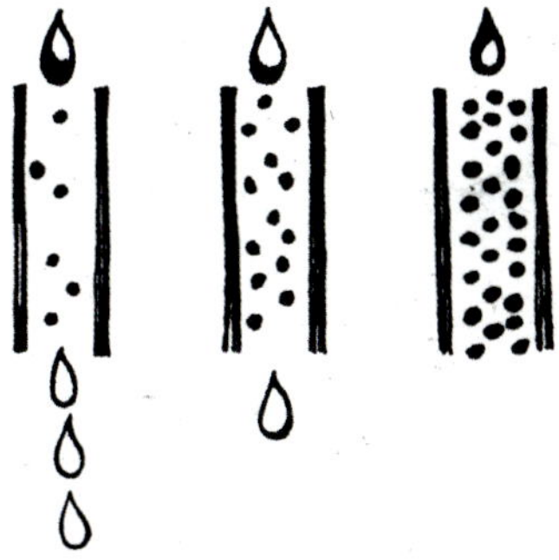

모발의 다공성

모발의 다공성 정도에 따라, 콜드 웨이브의 프로세싱 타임과, 웨이빙 용액의 강도가 좌우될 정도로 중요하다.

다공성(多孔性) 모발은, 두발의 간충 물질이 소실되어, 두발 조직 가운데 빈 구멍인 공동(空洞)이 많고, 보습 작용이 적어져서 두발이 건조해지기 쉬운 손상된 모발을 말한다. 다공성은 두발이 유액(流液)을 얼마나 빨리 흡수할 수 있는가에 따라 결정된다. 때문에 두피나 모발의 정확한 진단 없이 퍼머넌트 웨이브를 시술할 경우, 두피나 모발의 손상은 그만큼 심해질 수 있다는 우려가 크다.

(3) 모발의 다공성 진단 방법

모발의 다공성 여부를 확인하는 진단 방법으로는, 샴푸를 하기 전에 마른 상태의 모발을 기준으로 살펴야 한다.

모발이 물에 젖으면 모발의 질이 다소 변하기 때문이다.

① 한 다발의 머리카락인 스트랜드를 작게 잡아, 빗으로 가지런하게 빗는다.
② 엄지와 검지손가락으로 머리카락이 빠지지 않게 꼭 잡는다.
③ 다른 손으로 모발 끝에서 두피를 향해 밀어 나간다.
④ 밀려서 일어나는 머리카락이 많을수록 다공성의 정도가 크다.
⑤ 모발이 하나도 일어나지 않을 경우, 큐티클 층이 단단하게 밀착되어 있는 저항성 모발이다.

⑥ 머리를 감고 난 뒤 자연스럽게 변색된 두발은 약간 과다공성 모발이다.

(4) 모발의 질

머리카락이 똑같은 사람은 없다.

모발의 질은 모발의 지름과 감촉으로 분리해서 생각할 수 있다.

① 모발의 지름 = 굵은 모발 · 보통 모발 · 가는 모발

② 모발의 감촉 = 거친 두발 · 연한 두발

③ 모발의 질과 다공성 = 프로세싱 타임의 결정적 요소이다.

④ 모발의 다공성이 같을 경우, 가는 모발에 웨이빙 용액이 빨리 흡수된다.

⑤ 다공성이 굵은 모발은 정상 상태의 가는 모발보다 빨리 프로세스 된다.

(5) 모발의 신축성

모발의 신축성은 머리카락이 늘어나거나 줄어드는 성질을 말한다.

어떤 모발이든 신축성을 가지고 있으며, 신축되는 정도를 가리켜 신축도라고 한다. 신축도는 신축성의 좋고 나쁨에 따라 달라진다. 모발의 신축성이 없다면, 웨이브는 불가능할 지도 모른다.

모발의 신축성은 경우에 따라 달라진다. 모발의 신축성이 변화하는 이유는, 습도 · 기후 · 사용하는 샴푸의 타입 · 헤어래커 · 스프레이 네트의 사용량 · 햇빛과 바람에 의한 두발 건조작용 등에 따라 달라지고 있다.

(6) 모발의 밀집도

모발의 밀집도는, 일정 면적의 단위 안에 있는 모발의 수를 나타내는 것이다.

영국에서 처음 시작된 것으로, 두피 1 평방 인치 안에 있는 머리카락의 수를 말한다.

모발의 밀집도는 모발의 질과는 상관이 없다. 일반적으로 빽빽한 상태에서 과밀하게 자라난 머리카락은 굵고, 과밀하지 않은 상태의 머리카락은 가는 것이 특징이다. 따라서 과밀 모발은 블로킹을 작게 하고, 로드의 지름이 작은 것을 사용하며, 소밀 상태의 모발에는 그 반대로 해야 한다.

(7) 사전처리

퍼머넌트 웨이브에서 사전처리는, 매우 중요한 조건 중의 하나이다. 사전처리는 모발 및 두피 진단에 의한 모질에 따라, 콜드 웨이빙 용액을 사용하기에 앞서 모발의 손상 여부부터 확인하는 작업이다. 이는 모발의 손상을 미리 방지하고, 웨이브가 고르게 잘 되도록 하며, 모질의 개선을 도모하기 위한 특수한 조치이다.

사전처리에서는 다음 사항을 반드시 지켜야 한다.

① 헤어트리트먼트 크림을 바른다.
건조한 모발, 손상된 모발에 고루 발라서 스티머를 적용시킨다. 모발이 부분적으로 손상되어 있을 경우, 골고루 바른다.

② PPT 제품을 바른다. 단백질을 분해해서 만든 PPT 용액을 탄력이 없는 다공성 모발에 흡수 시킨다. 모발 끝에 탄력을 주고자 하는 경우에 PPT 용액을 사용한다.

③ 특수 활성제를 바른다.
발수성 모발에 도포해서 스티머를 적용시킨다. 발수성 모발은, 모발의 모표피에 지방분이 많고, 수분을 밀어내는 성질을 지닌 머리카락이다. 지방분이 너무 많아, 일종의 지방 과다모라고도 부른다. 때문에 콜드 웨이브 용액이 침투하는데 시간이 걸린다. 이를 막고 빨리 침투할 수 있게 하고자, 특수 활성제를 바르는 것이다.

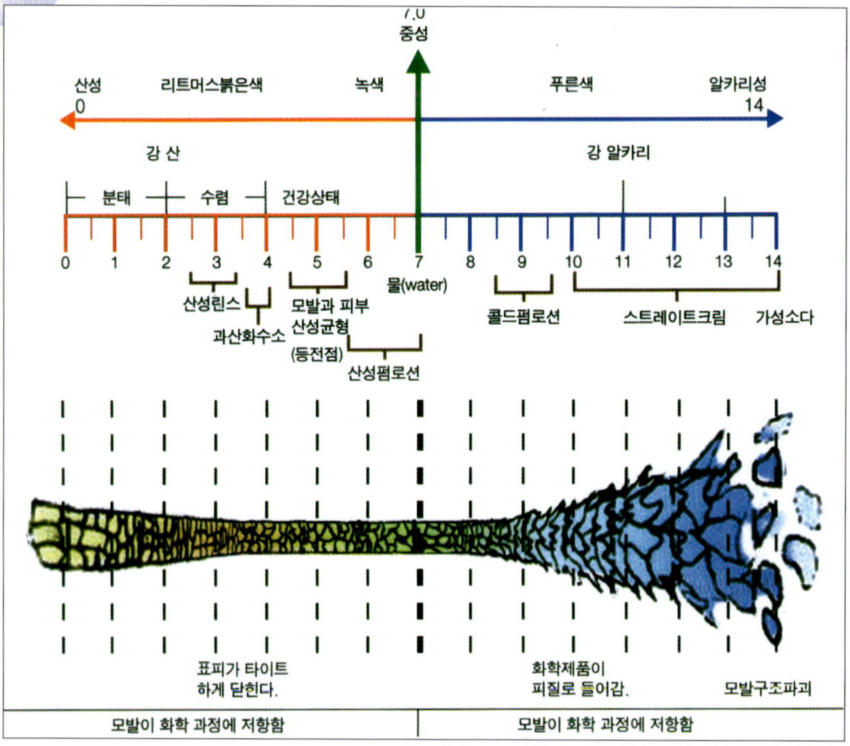

Ph의 수치

		pH		
산 성	강 (분해)	0		무기산 염
		1	모발에 안전함	식초, 염산, 초산, 유산
		2		맥주린스,
	약 (수렴, 응고)	3		레먼린스
		4		중화
		5		과산화수소, 탄산, 석탄산, 구연산,
		6		컨디셔너, 아스트리젠트,
중 성		7		전처리 제품, 약산성 샴푸,
알칼리	약 (연화→행윤)	8		세팅로션, 물, 염, 유지, 전분
		9		헤어크림, 콜드크림,
		10		반영구 염색약, 암모니아수, 중주
		11		펌1액, 붕산, 탄산암모늄 염색제, 블리치제
	강 (용해)	12		매직스트레이트제, 제모제
		13		암모니아
		14		가성소다(수산화 나트륨)

(8) 콜드 웨이브 시술의 실제

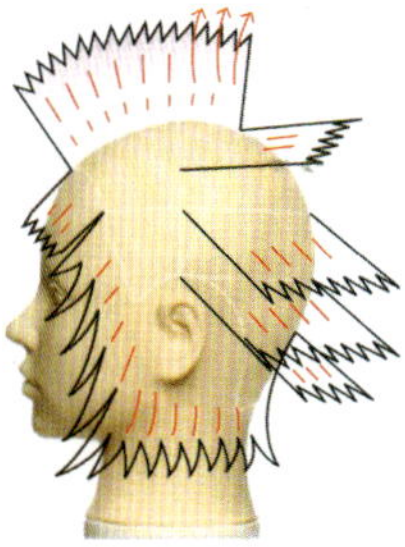

콜드 웨이브는 화학 약품을 사용하여, 모발의 조직을 변화시키는 기술이다.

제1용액을 잘못 사용할 경우나, 사용 방법이 잘못될 경우에는 피부염을 일으키고 탈모 현상까지 나타나기 쉽다. 따라서 콜드 웨이브의 시술에는 좋은 제품, 정직한 제품을 사용하면서 세심한 주의를 기울여야 한다.

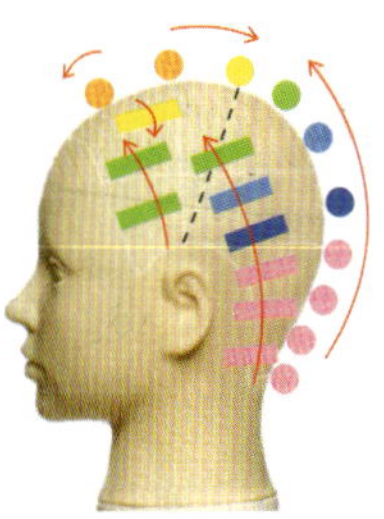

(9) 시술의 개요와 준비물

① 제1액(프로세싱 솔루션)
② 제2액(뉴트럴이즈 · 중화제)
③ 솔루션 용기
④ 헤어 오일 또는 헤어 컨디셔너
⑤ 엔드 페이퍼(끝 종이)
⑥ 고무 밴드 · 고무장갑
⑦ 큰 빗 · 작은 빗
⑧ 샴푸 등 린스 용품
⑨ 콜드 웨이브용 킬링 로드(대 · 중 · 소)
⑩ 타월(드라이어는 사용하지 않는다)

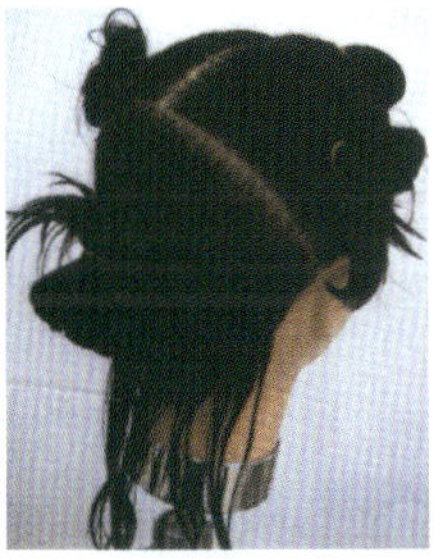

(10) 콜드 웨이브 시술 순서

일반적으로 먼저 전 처치하고, 뒤에 웨이브 프로세스하며, 마지막으로 후 처치의 단계로 마무리한다.

전(前) 처치 과정은 다음과 같다.

① 헤어 샴푸잉
② 모발의 건조(타월 드라이잉)
③ 세이핑(필요에 따라 실시한다)

웨이브 프로세스 과정은 다음과 같다.

① 블로킹(두부 : 頭部)을 구분

② 와인딩(모발을 컬링 로드에 감는다)

③ 웨이브의 형성 상태를 점검한다.(프로세싱 테스트 컬)

④ 중간 린스

⑤ 산화 작용

⑥ 린싱

후처지 과정은 다음과 같다.

① 오리지널 세트

② 드라잉

③ 끝마무리

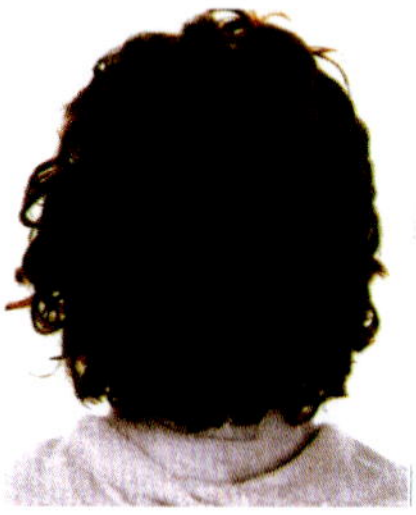

(11) 프로세싱 할 때 주의점

제1액을 잘못 사용할 경우, 피부염을 일으킬 염려가 있다.

특히 이상 체질인 고객이라면, 시술할 때 반드시 컬과 컬 사이에 마른 탈지면을 끼워, 솔루션이 두피에 묻지 않도록 주의해야 한다. 만일, 실수로 솔루션이 두피에 묻었을 때는 즉시 탈지면으로 닦아낸다.

제1액으로부터 피부염을 예방하는 방법으로는, 특수 정제의 라놀린을 바른다. 라놀린은 제1액에 용해되지 않고 피부에 남아, 피부 장해로 피부염을 일으키는 것을 예방해 준다. 라놀린 사용 방법은, 모발을 조금씩 갈라가며 머리카락에 묻지 않도록 주의하면서, 두피에 조금씩 골고루 바른다. 그런 다음에 온도를 높여, 두피 전체로 고르게 녹아 퍼지도록 한다.

(12) 중간 린스

중간 린스는, 프로세싱이 끝난 다음에, 제2액의 산화 작용이 효과적으로 잘 이루어지도록 하기 위해, 모발에 부착된 제1액을 씻어내는 일을 말한다.

중간 린스는, 제1액의 알칼리 성분을 제거하고, 부풀어진 모발을 수축시키는 작용이다.

그러나 일반적으로 볼 때, 제1액의 알칼리 농도와 티오글리콜산의 농도는 매우 다양하기 때문에 모발의 팽윤(澎潤) 정도나 모발에 남아 있는 알칼리 성분의 정도도 달라져야 한다. 그런 이유로 해서 모발에 대한 수축 작용이 강하게 일어나, 모표피에 주름이 생기거나, 제2액의 침투를 방해하는 일이 생길 수 있으므로 주의해야 한다. 이럴 때에는 제1액의 알칼리 농도가 높은 경우에 사용하거나, 그 농도를 1% 정도 낮게 조정하여 사용하는 것이 좋다. 중간 린스 방법으로는 다음과 같다.

① 따뜻한 물로 모발을 헹구는 플레인 린스를 행한다.
② 스프레이어의 물살을 약하게 하여 모발 전체를 충분히 헹군다.
③ 거즈나 탈지면 등으로 각 컬의 물기를 조심스럽게 눌러 없앤다.
④ 제2액의 희석을 막아주고, 모발 끝까지 제2액이 잘 스며들게 한다.

최근에는 중간 린스를 하지 않는 시스템인 콜드 웨이브가 개발되어, 미용사의 일손을 많이 덜어주고 있다. 이는 흡수력이 있는 티슈 타월을 이용하여, 각 컬 사이를 눌러가며 제1액을 제거해 내는 블로팅(Blotting) 방법이다.

이 방법을 쓸 때에는, 제조업체의 지시 설명서를 잘 숙지하고, 반드시 그에 따라야 실수가 없다.

(13) 중간 린스의 역할

중간 린스는 1제의 작용에 의해 알칼리에 가까운 모발상태를 중화하는 것으로 알칼리를 제거하고, 2제의 활동을 촉진하는 목적이 있다. 만약 중간 린스를 하지 않고 직접 2제를 도포하게 되면, 2제의 작용을 방해하는 결과가 된다.

그러므로, 2제에는 시스틴 결합을 고정시키는 작용을 하기 때문에 중간 린스의 역할은 중요한 부분을 차지한다.

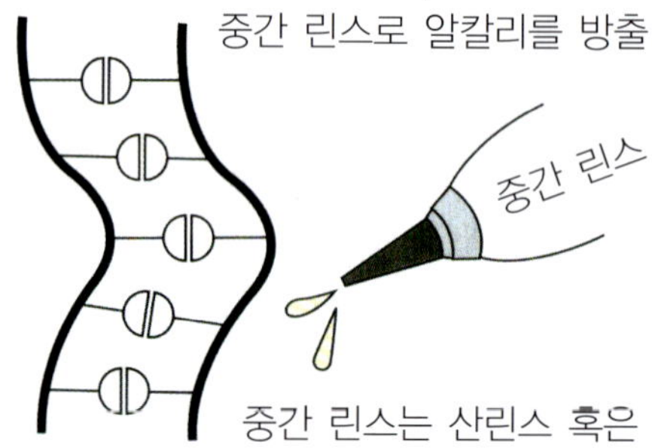

(14) 산화 작용

산화 작용은, 환원된 모발을 본래의 자연 상태처럼 회복시켜 주는 것을 말한다.

제2액은 제1액의 작용을 중지시키면서, 웨이브의 형태를 고정시켜 준다. 제2액의 산화 작용을 중화 작용 또는 뉴트럴라이징이라고 한다. 그러나 실제로 알칼리 성분을 중화시키는 작용은 없다는 것이 일반론이다. 산화제인 제2액을 탈지면 등에 적셔 로드에 말린 상태의 모발에 충분히 스며들도록 바른다. 이를 스플래쉬 방법이라고 한다. 그런 다음, 5~10분간 그대로 두었다가, 다시 한 번 제2액을 발라 약 5분 정도 지나도록 그냥 둔다.

이것으로 산화 작용은 끝나는 것이다. 그 다음, 미지근한 물로 마지막으로 플레인 린스를 하고 세트를 한다. 이 때 주의할 일은, 샴푸를 해서는 절대로 안 된다는 점이다. 이유는 샴푸잉은 피지가 제거되어 있는 모발의 웨이브 일부를 약하게 하는 결과를 가져오기 때문이다.

(15) 블로우 드라이어(Blow Dryer

블로우 드라이어는 젖은 모발을 말리는 것과, 스타일링을 빠르게 낼 수 있도록 만든 전기용품이다. 스타일을 마무리 하는 세팅 역할, 모발을 말리는 작업, 모양을 잡아 주는 것 등 스타일의 기본 골격을 형성해 주는 기구이다.

손잡이, 홈이 있는 주둥이, 작은 프로펠러 모양의 물체, 가열 요소, 조종 장치 등으로 조합되어 있다.

(16) 사용하기 전의 주의

블로우 드라이어를 사용할 때는 완전히 청결한가, 먼지나 기름때, 머리카락 들이 묻어 있지 않는가, 뒤쪽의 공기 통풍구가 열려 있는가? 등을 반드시 확인하여야 한다. 만일 이런 곳 간운데 하나라도 이상이 있으면, 블로우 드라이어의 부속품이 탈 염려가 있다.

(17) 블로우 드라이 기술

블로우 드라이 컬링은 브러시로 하고, 블루 드라이어 웨이빙은 머리빗으로 하여야 한다. 화학제가 사용되었거나 상한 모발일 경우 블루 드라잉할 때는 타월로 물기를 제거하는 등 특히 세심한 주의가 필요하다.

블로우 드라이어의 방향은 뜨거운 공기와 그 흐름이 같고, 모발이 말려 감긴 방향과도 같기 때문에, 고객의 두피가 화상을 입지 않도록 항상 드라이어의 방향에 주의하고, 스타일은 모발이 완전히 식은 뒤에 내도록 한다.

세팅 로션을 약간 두피에 뿌려주고 말림과 동시에 댄닝 브러시를 이용하면 볼륨이 오래 지속될 수 있다. 블로우 드라이어 스타일링이 끝난 뒤에는 헤어스프레이를 살짝 뿌려서, 모발에 윤기를 더해 주고 모양이 잘 유지되도록 마무리를 해준다.

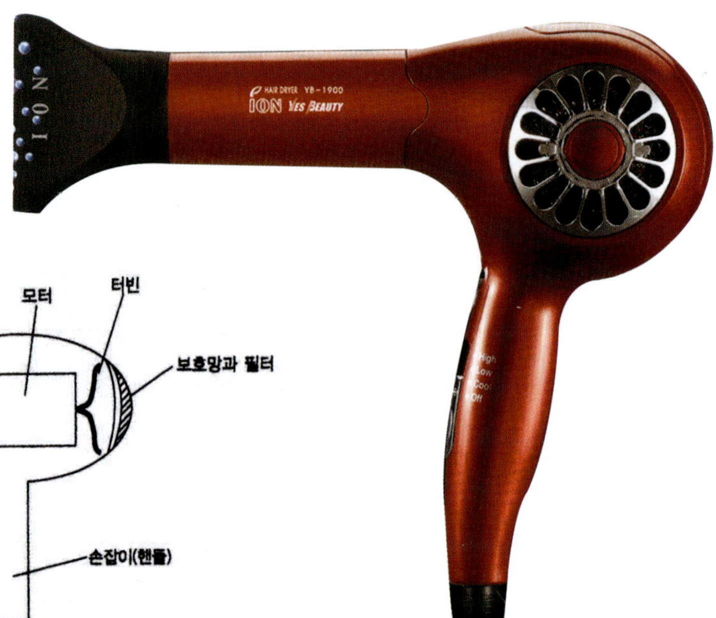

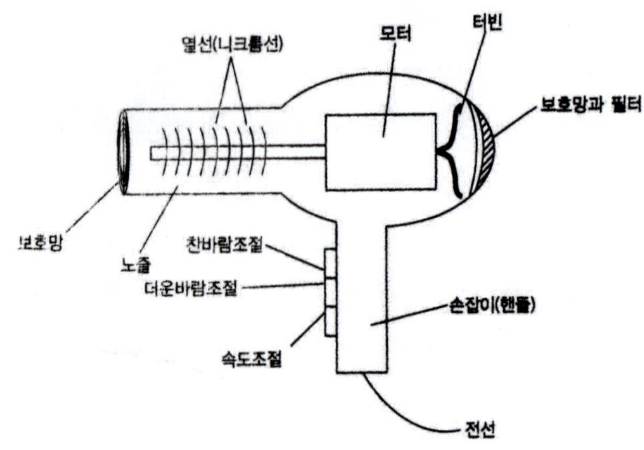

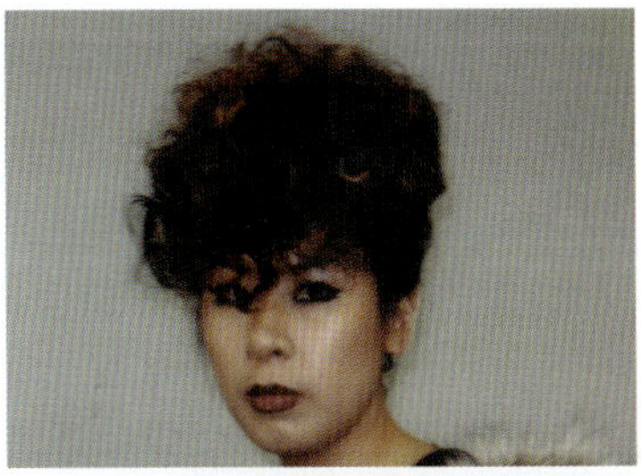

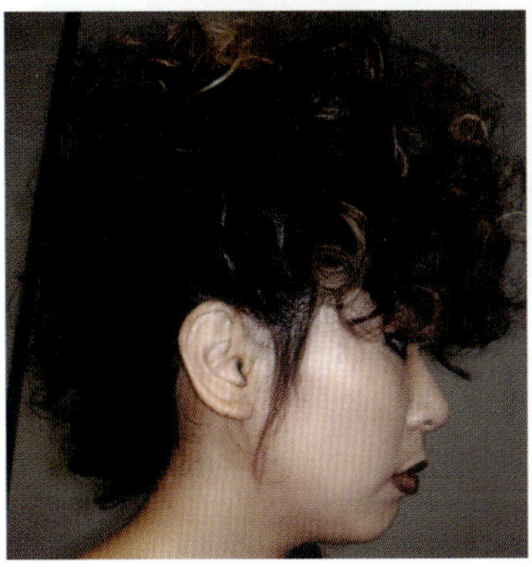

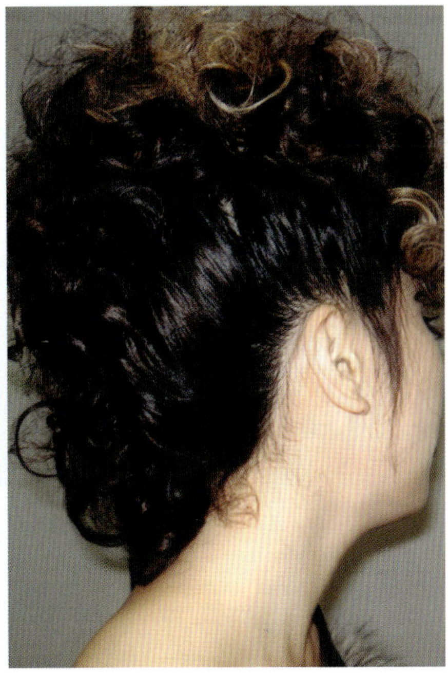

Chapter

13 현대인의 커트

1. 헤어 커트의 기본 이론

헤어 커트(hair cut)는 미용실에서 이루어지고 있는 미용 서비스 가운데 중요한 파트로, 헤어스타일을 만들기 위해 머리카락을 자르는 일이다. 헤어 커트는 헤어 커팅(hair cutting) 또는 헤어 세이핑(hair shaping)이라고도 한다.

이는 '두발형을 만든다.' 라는 의미이다. 머리카락 끝을 자르거나, 모발의 숱 · 길이 등을 정리하여, 머리와 얼굴 형태의 장단점을 보완하여, 외모를 세련되고 깔끔하게 해주는 일이 헤어 커트의 기본 이론이다. 헤어 커트는 머리카락을 원하는 형태로 잘라 정리하고, 머리카락 숱이 많고 적음에 따라, 헤어스타일을 완성하는 기술을 말한다. 헤어 커트는 퍼머넌트 웨이브 · 핀컬 웨이브 · 블로우 드라이 스타일링 · 헤어 컬러링 등 다른 시술에 영향을 미친다.

헤어 커트의 주요 요인으로는, 머리카락의 질감 · 상태 · 색상 · 컬의 정도 · 머리카락의 성장 속도 등이다. 이런 요소들을 정확히 알아야, 정확한 헤어 커트를 할 수 있다.

1) 헤어 커트의 기법

헤어 커트의 기법은, 가르치는 사람에 따라

달라질 수 있고, 디자이너의 개성과 커팅 도구에 따라, 다양해질 수 있다는 것이 일반론이다. 머리카락을 적신 상태에서 자르는 것을 웨트 커팅(wet cutting)이라 하고, 머리카락을 적시지 않고 마른 상태에서, 자르는 일을 드라이 커팅(dry cutting)이라고 한다. 다만, 가위를 이용한 클럽 커트(club cut)는, 마른 상태의 머리카락에도 적용할 수 있으나, 웨트 커팅 기법으로 하는 것이 더 좋다.

2) 헤어 커트의 종류

헤어 커트 기법은, 웨트 커트 · 드라이 커트 · 프리 커트 등에 따라 달라진다.

(1) 웨트 커트

① 두발을 적신 상태에서 작업한다.
② 두발을 손상시키지 않는 정확한 커트를 한다.
③ 두발의 상태가 커트하기에 용이하게 된다.

(2) 드라이 커트

① 머리카락이 마른 상태에서 커트를 한다.
② 웨이브나 컬 상태에서 시술한다.
③ 길이를 많이 잘라내지 않고, 수정하는 경우에 적용한다.
④ 전체적인 형태를 파악하기 쉽다.
⑤ 손상된 모발을 추려낼 때 적용한다.

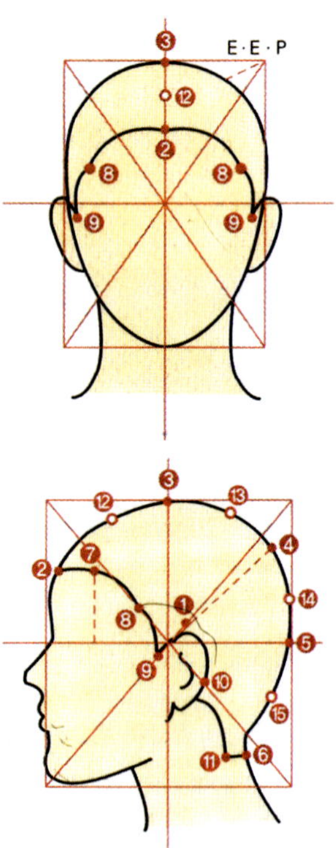

헤어 기본 포인트

① E.P(Ear Point)	⑤ S.C.P(Side Coner Point)
② C.P(Center Point)	⑥ E.B.P(Ear Back Point)
③ T.P(Top Point)	⑦ N.S.P(Nape Side Point)
④ G.P(Golden Point)	⑧ C.T.M.P(Center Top Medium Point)

(3) 프리 커트

① 퍼머넌트 웨이브를 시술하기 전의 커트를 말한다.
② 디자인한 길이보다 1~2 mm 길게 커트를 한다.
③ 두발의 길이를 고르게 정리하여 와인딩 하기 쉽게 한다.
④ 머리숱이 많을 경우, 로드를 감기 쉽도록 머리카락 끝을 1~2 mm 테이퍼링 한다. 테이퍼링은 두발 끝을 점차적으로 가늘게 커트 하는 방법이다.

(4) 애프터 커트

① 퍼머넌트 웨이브를 한 뒤, 마무리 커트 하는 것을 말한다.
② 머리카락 끝을 고르게 다듬는다.

3) 헤어 커트 방법에 따른 분류

블런트 커팅(blunt cutting) · 슬라이더 커팅(slither cutting) · 테이퍼링(tapering) · 스트로크 커트(stroke cut) · 틴닝(thinning) · 트리밍(trimming) · 클리핑(clipping) 등 여러 가지가 있다.

(1) 블런트 커팅

클럽 커팅(club cutting)이라고도 하며, 모발을 일직선상으로 커트를 하는 방법이다.

블런트 커팅 기법으로는,

① 전형적인 보브 커트의 기본인 원렝스 커트
② 외곽선을 커버하기 위한 스퀘어 커트
③ 짧은 머리 스타일에 이용하며, 목덜미에서 위로 올라갈수록 모발의 길이가 길어지는 그라데이션 커트
④ 목덜미에서 위로 올라갈수록 모발 길이가 짧아지며, 층이 지는 레이어 커트

(2) 슬라이더 커팅

슬라이더는 '슬슬 미끄러진다.' 는 말이다.

빗과 가위를 이용하여, 부분적으로 미끄러지듯이 머리카락을 자르는 방법이다.

(3) 테이퍼링

레이저에 의한 경우에는 데퍼링이라고도 한다.

머리카락 끝을 점차적으로 가늘게 커트 하는 방법이다. 두발에 자연스러운 장단을 만들고, 모발의 양을 쳐냄으로써, 끝으로 갈수록 붓끝처럼 가늘어진다.

(4) 스트로크 커트

가위에 의한 테이퍼링을 스트로크 커트라고 한다. 가위를 이용할 때, 가위와 모발과의 각도에 따라 스타일이 달라진다. 짧게 깎는 쇼트 스트로크와, 중간의 미디움 스트로크, 커트 하는 양이 많아지고 자연스러움을 안겨주는 롱 스트로크 기법이 있다.

(5) 틴닝

일반적으로 머리숱 치기라고 한다. 두발의 길이를 짧게 하지 않으면서, 전체적으로 머리숱을 감소시키는 방법이다. 커트나 테이퍼 하기 전에, 지나치게 많은 양을 적당히 조절할 때, 모발이 어느 한쪽으로 많이 몰려있는 경우, 전체적으로 고르게 조절할 경우에 쓰는 기법이다.

(6) 트리밍

이미 헤어스타일이 이루어진 다음에, 최종적으로 정돈하기 위해 가볍게 고르면서 커트 하는 방법이다. 손상된 모발 끝을 제거하고자 할 때도 이용한다.

(7) 클리핑

가위나 클리퍼를 이용하여 튀어나오거나, 삐쳐 나온 머리카락을 잘라내는 일이다.

커트를 끝낸 뒤의, 최종 마무리 작업이다.

(8) 커트 할 때 주의할 점

① 머리카락의 성장 방향
② 카우릭의 성장 방향
③ 머리의 골격 구조와 형태
④ 끝이 갈라진 열모의 양
⑤ 고객이 원하는 헤어스타일
⑥ 두피에 대한 두발의 각도
⑦ 모발의 질과 양

미용사 자격시험 심사위원들이 커트를 할 때의 주의 사항으로 지적한 것들을 참고로 기술하면 다음과 같다.

① 블로킹은 4~5 등분하고, 일직선으로 정확하게 한다.
② 적당한 량의 물로 적셔서 커트 한다.
③ 빗질을 고르게, 자세는 바르게, 가위질, 손놀림을 정확하게 한다.
④ 가이드라인을 확실하게, 슬라이스 폭은 1~1.5cm 정도로 한다.
⑤ 한 번에 커트 할 양 만큼만 잡고, 텐션의 강약을 조절한다.
⑥ 손에 맞는 가위를 선택하고, 제한 시간 안에 신속 정확하게 한다.
⑦ 요구하는 각도, 외곽선의 조화를 이루어야 한다.
⑧ 마네킹은 15도로 숙여서 커트를 하고, 선과 선의 흐름을 분명하게 한다.

2. 커트의 실제(實際)

1) 가위를 이용한 테이퍼링

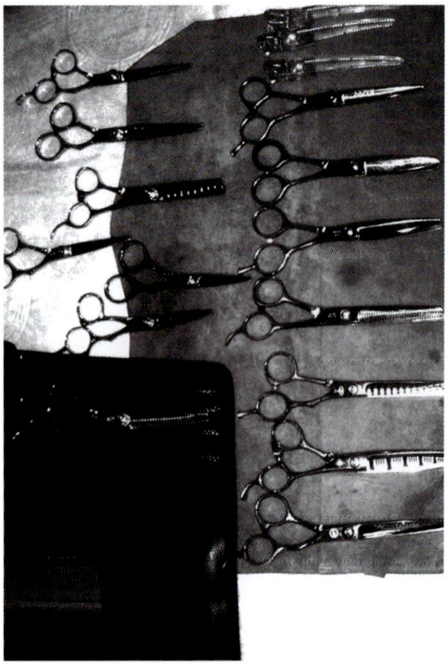

커트 가위를 이용한 테이퍼링에서는 다음 사항을 주의해야 한다.

① 스트랜드(strand ; 작은 조각 묶음)를 적당히 잡아 빗질한다.
② 스트랜드 끝을 인지와 중지 사이에 끼우고, 엄지를 강하게 눌러 주면서 잡는다.
③ 가위를 스트랜드의 두발 끝에 놓고, 두피를 향해 가위 날을 닫는 것처럼 하면서 자른다.
④ 롱 스트로크는 가위 각도를 눕히고, 쇼트 스트로크 때는 가위 날을 세워서 사용한다.
⑤ 갈라진 머리카락을 빗으로 빗어내고, 모발의 양에 따라 1~3회 정도 반복한다.

2) 레이저를 이용한 커트

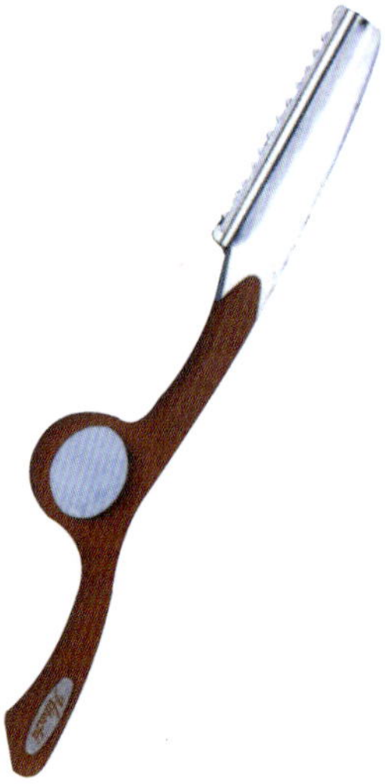

레이저(razor)는, 일반적으로 헤어 세이핑에서 블런트 커팅 외의 층이 지는 헤어스타일을 연출할 때 사용한다.

① 스트랜드를 나눠서 갈라 쥐고 레이저 커트를 한다.
② 롱 스트로크에는 모발 끝에서 멀어진 곳에서 칼날을 세워서 미용사 앞쪽으로 향하도록 한다.
③ 쇼트 스트로크 때에는 칼날을 세워서 모발의 끝 부분에서 작한다.
④ 스트랜드 근원에서부터 모발 끝을 향해 쳐내고, 빗질로 정리하며 잘린 머리카락을 털어 낸다.

3) 슬리더링과 백 코밍

슬리더링은 모발의 길이를 짧게 하지 않으면서 가위로 머리카락을 자른다. 스트랜드를 쥐고, 가위를 위로 스쳐 올렸다가 모근 쪽을 향해 이동하면서 머리카락을 커트 한다.

모근 쪽으로 갈 때는 가위를 닫고, 모발의 끝으로 갈 때는 가위를 벌린다. 커트를 한 뒤에는 빗질을 해서 털어 내는 데, 3~4회씩 반복한다. 백 코밍(back combing)은, 슬리더링 할 때와 똑같은 크기의 스트랜드를 잡고, 자르고자 하는 모발의 양을 남기고, 머리카락 끝에서 두피 쪽을 향해 백 코밍 한다.

4) 틴닝 가위를 이용한 기본적인 커트

틴닝은 모발의 길이를 짧게 하지 않고, 지나치게 많은 머리숱을 쳐내는 방법이다. 이 때 머리카락을 어느 정도나 쳐내야 하는지를 결정하는 요소는, 다음과 같다.

① 모발의 질-굵고 억센 모발, 연하고 가는 모발.
② 모발의 길이-스트랜드의 모발 길이, 전체의 모발 길이.
③ 모발의 조밀도-평균 1평방 인치당 150~400개가 밀착되어 있다. 조밀도가 클수록 많이 쳐낸다.

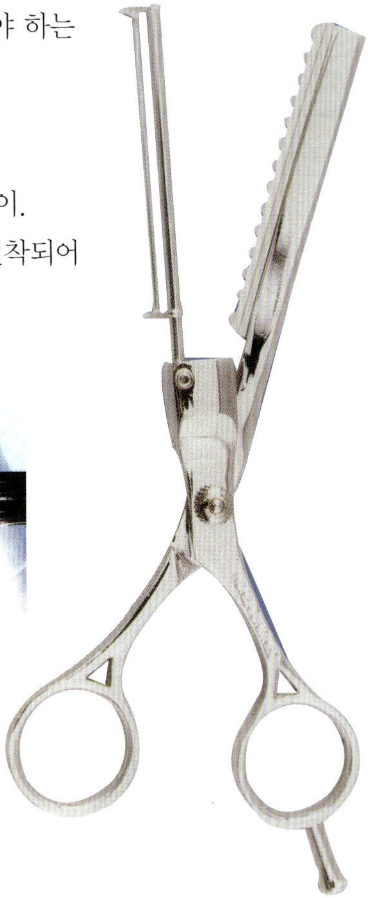

기본 커트의 4패턴

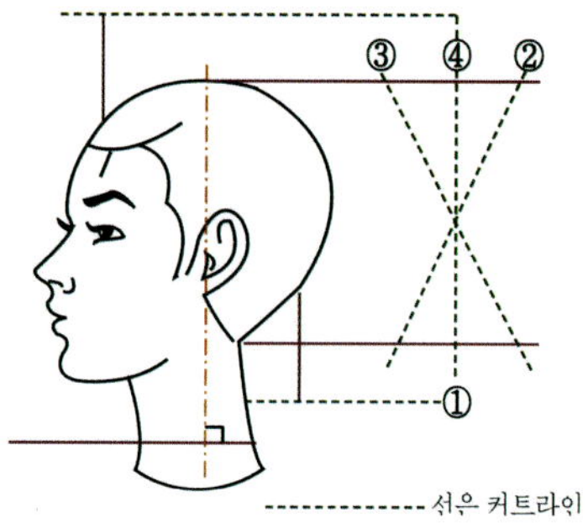

① 원랭스 커트
전체의 모발을 옆으로 동일선상에 정돈해서 커트한다.

② 그라데이션 커트(인레이어 커트)
위가 길게 아래가 짧게 커트(층의 차이가 레이러보다 작다)

③ 레이어 커트(아웃 레이어)
아래가 길고 위가 짧게 커트
(층의 차이가 그라데이션보다 크다)

④ 스퀘어 커트 각형으로 커트
(층의 차이가 ②와③의 중간)

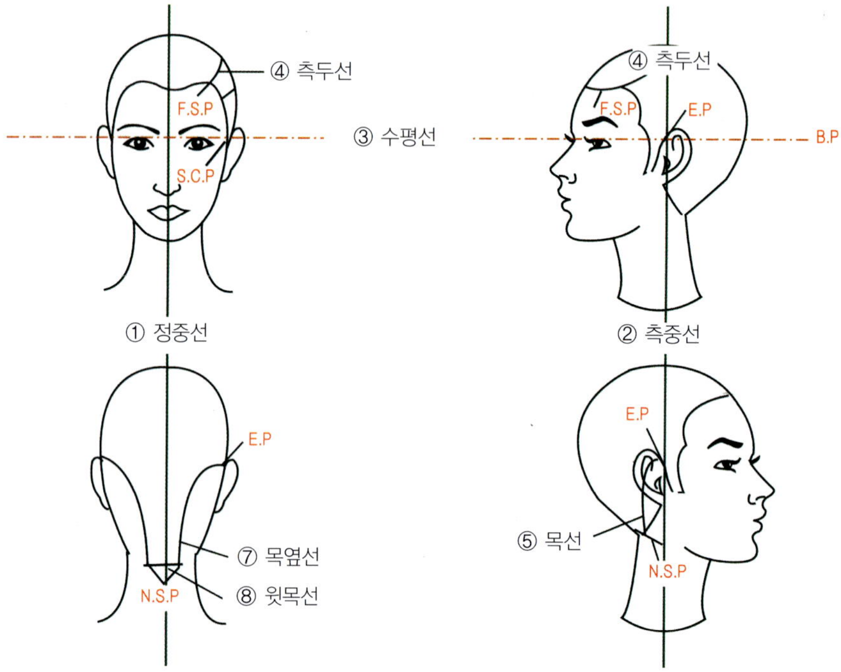

번호	명칭	라인의 설명
1	정중선(正中線)	코의 중심을 통한 머리 전체를 수직으로 두른 선
2	측중선(側中線)	귀 뒷 뿌리를 수직으로 두른 선
3	수평선(水平線)	E.P의 높이를 수평으로 두른 선
4	측두선(側頭線)	대체로 준골을 수직으로 세운 머리 앞쪽에서 측중선까지
5	목선	S.C.P에서 S.C.P를 연결해서 전면부에 생기는 전체
6	목뒷	선 N.S.P에서 N.S.P를 연결한 선
7	목옆선	E.P에서 N.S.P를 연결한 선

3. 헤어 커트의 조건

미용에서는 헤어 커트가 헤어스타일의 기본이 된다.

미용인의 자존심이 걸려있는 과정이라고 할 만큼 비중이 큰 분야이다.

고객의 아름다운 헤어스타일을 창출해 내기 위해 커트를 할 때, 미용사가 유의해야 할 사항은 다음과 같다.

① 간단히, 정확하게 해야 한다.
② 볼륨을 충분히 줄 수 있어야 한다.
③ 모발이 곱게 정리되어야 한다.
④ 뭉뚝하게 잘린 자리가 남아 있어서는 안 된다.
⑤ 고객의 얼굴과 체격 골격에 조화되어야 한다.
⑥ 모발의 질과 조화를 이루어야 한다.
⑦ 헤어스타일이 오래 가야 한다.

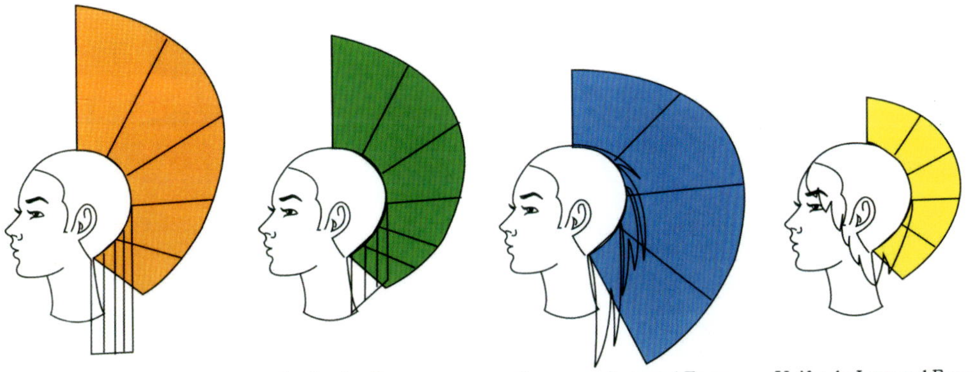

Solid Form　Graduation Form　Increase-Layered Form　Unifomly Layered Form

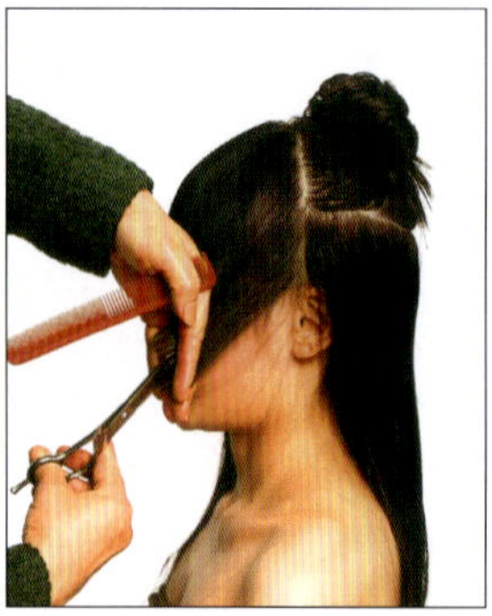

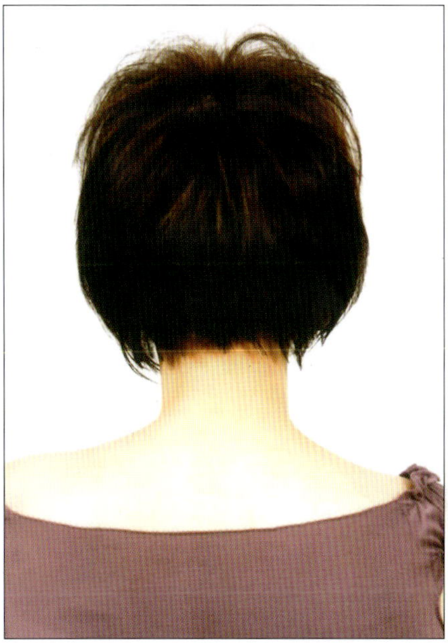

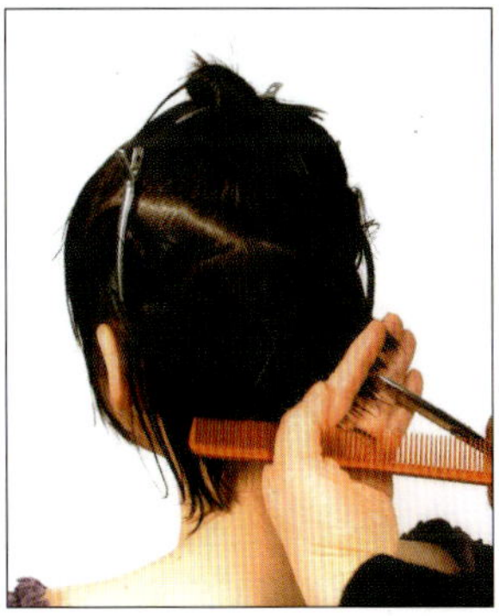

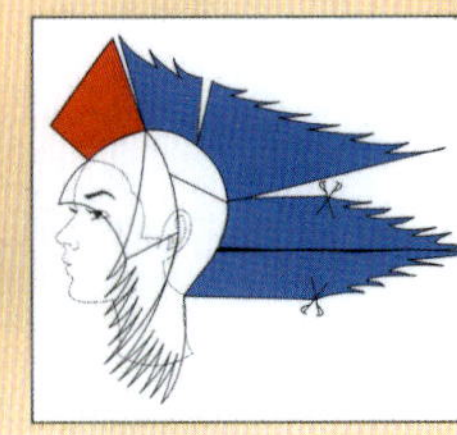

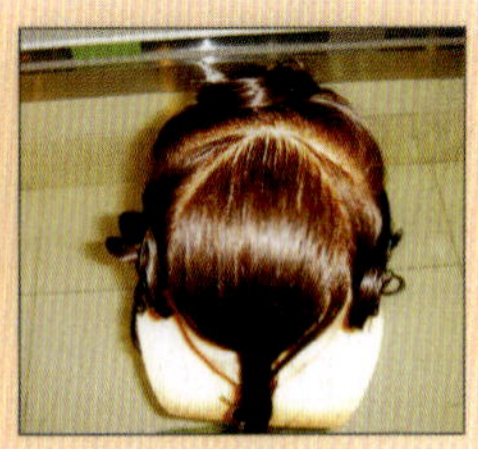

1. 리섹션에서 탑까지 라운드파팅 2. 탑에서 이어투 이러 라인 파팅 3~4. 크리스트 부분에서 인테리어와 엑스테리어 부분을 나눈다.

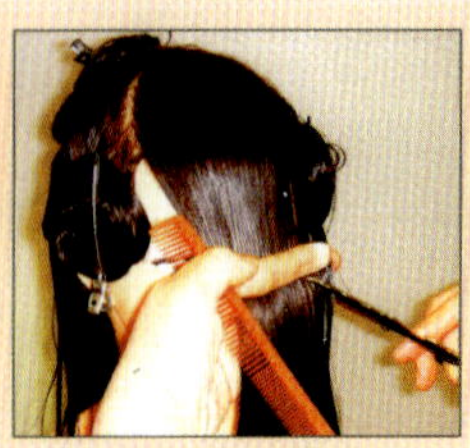

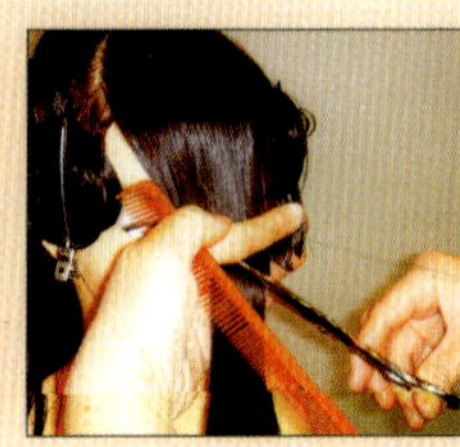

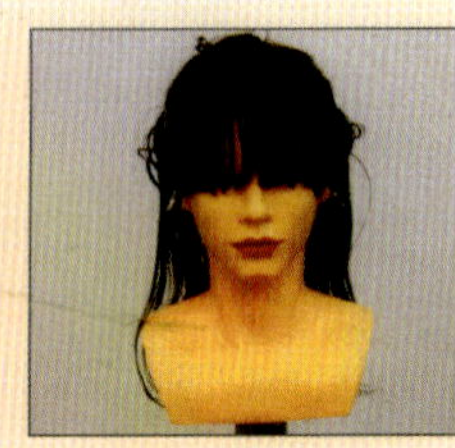

5~8. 프론트는 눈 및 선상에 가이드를 정하고 낮은 시술각의 나칭커트

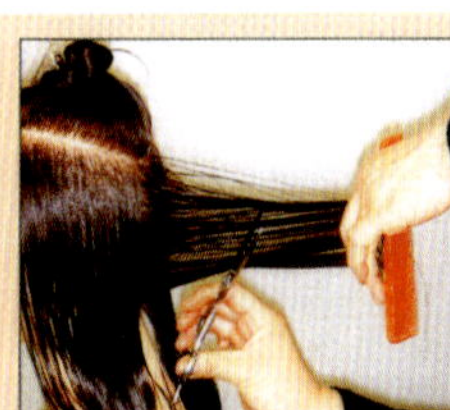

9. 센터백 부분 온더 베이스 10. 언더커트(슬라이싱 기법) 11. 아웃 커트(슬라이싱 기법)

Chapter
헤어 컬러 14

1. 헤어 컬러링(hair coloring)

헤어 컬러링은, 화학제품의 염색 제품을 사용하여, 모발의 색깔을 바꾸는 일종의 미용 예술이다.

헤어 컬러링은 크게 보아, 헤어 블리치(hair bleach)와, 헤어 틴트(hair tint)로 나눈다.

20세기 중반까지가 퍼머넌트 웨이브 시대였다면, 20세기 후반부터는 헤어 컬러의 시대로 바뀌었다. 따라서 헤어 컬러는 21세기 미용업의 주요 메뉴가 되고 있으며, 이러한 추세는 앞으로도 계속될 전망이다.

서양 사람들의 머리카락은 금발, 갈색, 은백색 등으로 머리카락의 색깔이 무척 다양하다. 그러나 동양인, 특히 한국인에게는 노인들의 백발 또는 일부 갈색을 제외하고는, 거의 검은색 일색이라 무척 단조롭다.

한국인의 헤어스타일은, 근대화 과정에서 빚어진 단발령으로 최대의 변혁을 가져온 것이 사실이다. 그러나 현대에 와서는 헤어 컬러로 단발령에 못지않을 만큼 엄청난 새 물결을 이루고 있다. 그만큼 헤어 컬러의 물결은, 남녀노소를 구별하지 않고 다양하게 확산되고 있다.

본래의 자연스런 검정 머리카락을 소유한 사람을 찾아보기 어려울 정도로 헤어 컬러 시대를 맞았다.

1) 머리카락의 색상

본래 인간의 모발 색상은, 머리의 외피인 코텍스(cortex) 층에 차지하고 있는 멜라닌(melanin) 색소의 크기 · 분포 양에 따라, 육안으로 보이는 색상의 결정을 지칭한다.

멜라닌은, 천연의 헤어 색상을 만들어 내는 헤어 코텍스에 들어 있는 극소량의 색소이다.

동양인에게는 유멜라닌(eumelanin)과 티로신이 많아서 갈색 또는 검은 색깔의 모발이 많다. 그러나 서양인의 머리카락은 금발, 갈색, 은백색 등 다양한데, 밝은 갈색에는 노란 색소가 많고, 금발에는 빨간 색소가 많기 때문에 그렇다.

백발은 머리의 색소가 거의 없는 상태이다. 사람의 외형적 이미지는 헤어의 색깔과 스타일에 따라 달라지고, 피부색 및 눈의 색상과 조화를 이룬다.

2) 염색(hair tint)

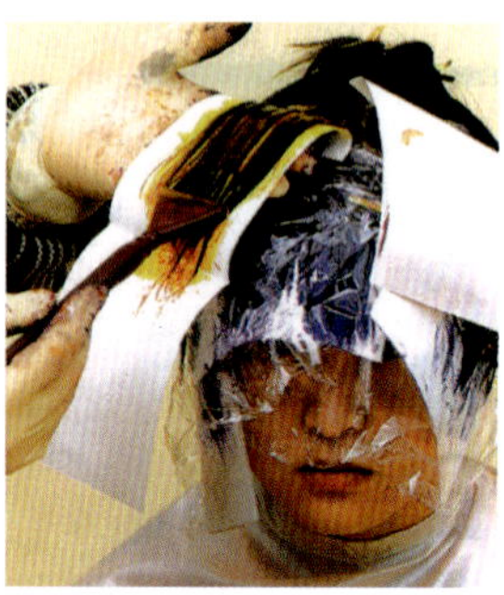

모발의 염색 헤어 틴트(hair tint)는 모발의 자연적인 색에 인공적 염색을 하거나, 블리치 된 모발에 인공적으로 색을 염색시키는 기술이다.

미용에서는 모발을 염색하는 기술을 가리켜서 헤어 컬러링, 또는 헤어 다이(dye), 헤어 틴트라고 한다. 여기서 알아둬야 할 일은, 다이는 착색이고, 틴트는 색조를 만든다는 의미라는 점이다. 그리고 헤어 블리치는 단순히 탈색에 의해서, 모발 색을 엷게 또는 밝게 변화시키는 작업이다. 헤어 틴트는 모발을 다양한 색상으로 변화시켜, 미용 효과를 극대화시키는 방법이다.

3) 색채(color)

색채, color의 원리는 매우 다양하다. 더구나, 미용에서의 염모제 색은 기본 색만 수십 종 이상에 이른다.

미용사는 색채의 원리를 바르게 이해하고, 응용력을 길러야 하며, 색조의 변화와 색의 조화에 대한 미적인 시각을 길러야 한다.

이는 고객의 다양한 요구나 기호에 효과적으로 조언할 수 있는 바탕이며, 전문인의 자세이기 때문이다. 아름다운 용모란, 헤어스타일 · 의상의 색 · 품위 있는 화장 · 모발의 컬러 등이 조화를 이룰 때 그 가치가 높아진다.

색채란 한 마디로 말해 매우 열정적이며, 자극적이다.

사람은 누구나 자기만이 더 좋아하는 색을 가지고 있다. 따라서 의상은 물론이고, 헤어 컬러도 자기가 좋아하는 색 계통을 선택하게 마련이다. 미용에서의 색이란, 헤어 디자인을 높여주고 피부색을 보충하며, 얼굴의 생김새도 변하게 해주는 등 다양한 효과를 안겨준다.

2. 색채의 기능과 구분

색은 크게 무채색(無彩色)과, 유채색(有彩色)으로 구분된다.

무채색은 흰색 · 회색 · 흑색을 가리키고, 그 밖의 모든 색은 유채색이다.

유채색 가운데 적색 · 황색 · 청색을 3원색이라고 말한다.

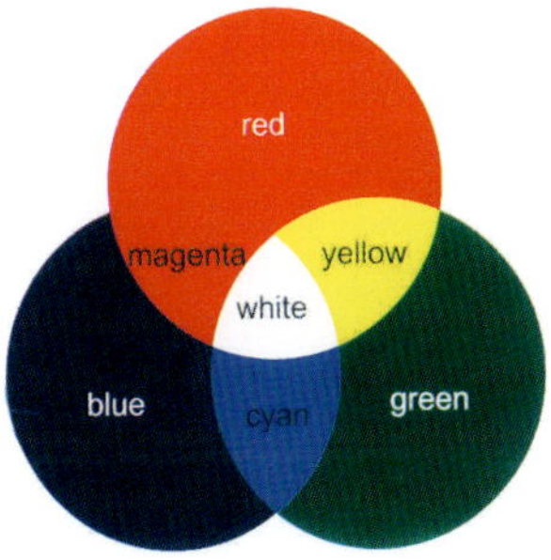

가법혼합

파랑(Blue)+녹색(Green)=시안(Cyan)

녹색(Green)+빨강(Red)=노랑(Yellow)

파랑(Blue)+빨강(Red)=마젠타(Magenta)

파랑(Blue)+녹색(Green)+빨강(Red)=흰색(White)

3원색을 중심으로 인접해 있는 것끼리 둘씩 혼합하면 등화색이 되고, 등화색과 원색을 같은 양으로 혼합하면 중간색이 된다.

다양한 색의 특성을 명확하게 구분되게 하는 것을, 명도 · 채도 · 색상의 3속성이라고 한다.

1) 명도(明度)

명도는, 시각적으로 느낄 수 있는 색의 밝기이다. 흰색은 명도가 낮고, 적색 · 핑크 색은 명도가 높다.

2) 채도(彩度)

채도는, 색채의 순도(純度)를 말한다. 다른 색과 혼합되어 있지 않은 순수한 바탕의 순도이다. 색깔의 선명도를 나타내는 근거로써, 전체의 밝기에 대한 색깔의 비율을 의미하는 말이다. 백색의 채도는 0이지만, 빨간색의 양이 차지하는 비율은 커지고, 채도는 높은 것이 일반적이다.

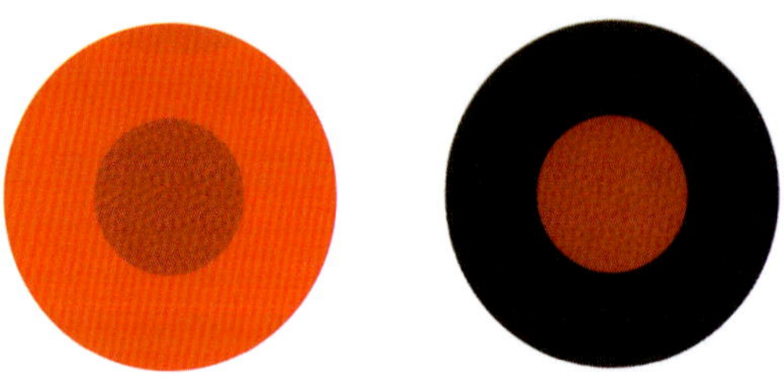

채도대비

3) 보색 잔상(補色 殘像)

서로 다른 두 가지 색을 일정한 비율로 혼합할 때 본래의 색을 떠나 무채색이 되는데, 이를 보색관계라고 한다. 색상환에서 마주 보는 색인 빨강과 청록, 남색과 노랑, 자주와 녹색은 보색인데 서로 혼합하면 매우 선명해진다. 보색은 색상 거리가 멀리 떨어져 있어서 서로 마주 대하는 위치에 있게 된다. 보색끼리의 혼합은 색료(色料)에서는 회색이나 검정이 되고, 색광(色光)에서는 백색광으로 나타난다. 이 때 보색이 잔상으로 나타나는데 이를 보색 잔상이라고 한다. 회전 혼색의 결과로 보색이 무채색이 되면 물리 보색, 보색 잔상으로 나타나는 경우는 심리 보색이라고 한다.

4) 보색 대비

같은 색이라 해도 주위의 색이 변함에 따라 다소 다른 색으로 변하여 보이는데, 이를 색의 대비현상이라고 한다. 빨강과 청록처럼 보색관계에 있는 색은 서로 끌어당겨서 선명하게 보인다. 보색끼리의 색상을 서로 대비시키면 두 색 사이의 성질이 강하게 지각되면서 색상 대비가 분명하지 않고, 보색 관계의 색을 대비시키면 채도만 높게 나타나게 된다. 보색대비는 강렬하고 안정된 힘을 얻기 위해서 사용하고 있다.

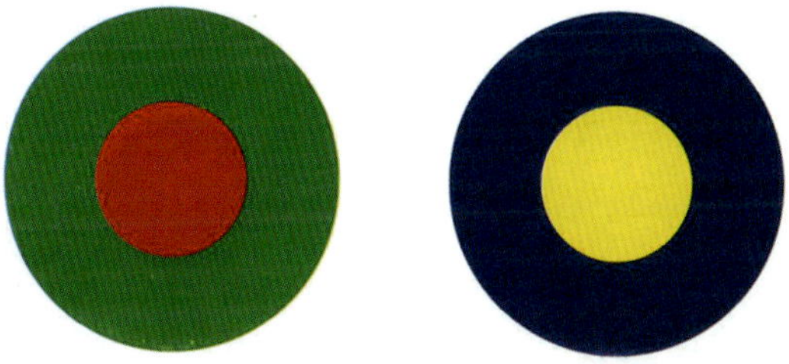

보색대비

5) 색상(色相)

색상은, 각각의 색 이름으로 구별되는 색의 요소이다. 색상이 비슷한 색들을 순서에 따라 배열한 것을, 색상환이라고 한다. 색상환에서 서로 마주보는 색을 보색 관계라고 한다. 이 보색 관계의 원리가 모발 색을 중화시켜서, 원하지 않는 모발 색깔을 없애려는 경우에 이용되고 있는 것이다. 색채의 기능은, 색에 따라 다르다. 색은, 강조 · 입체감 · 착시 현상 · 무드 · 통일감 · 안정감 · 개성 표출 · 조화미 등의 효과와 기능을 가지고 있다.

(1) 강조의 기능

헤어 디자인에서 어느 한 부분을 특별히 강조하고자 할 때, 짙게 하거나 밝게, 또는 엷게 할 수 있다. 엷게 하면 가벼워 보이고, 밝게 하면 산뜻해 보이며, 짙게 하면 중후한 느낌을 준다.

(2) 입체감의 기능

입체감을 통해 형태와 폼을 강조한다. 헤어 디자인의 용적에 따라, 여러 가지 색을 가한다. 밝고, 빛나고, 어둡고, 그림자가 지게 하여 그 효과를 극대화한다.

(3) 착시 현상의 기능

여러 가지 색채를 이용하여 형태의 변형을 느끼게 하여, 착시 현상을 주는 기법이다.

착시 현상은 본래의 모습과 달라 보이게 하는 경우가 많다.

옅은 색은 강조의 의미를, 짙은 색은 작아 보이는 착시 현상을 줄 수 있다.

(4) 무드를 강조하는 기능

화려한 색은 무드를 만들면서, 독특한 분위기와 개성을 나타낼 수 있다.

창조의 분위기를 물씬 풍기게 해준다.

옅은 색은 커 보이고, 붉은 색은 열정적이며 따뜻해 보인다.

(5) 통일감을 주는 기능

색은 헤어 디자인과 결합하여, 아름다운 조화를 이면서 안정적이고도 통일감을 안겨 준다.

색의 배합은 헤어 디자이너에게는 아름다움을 더해 줄 수 있는 최고의 요소이기도 하다.

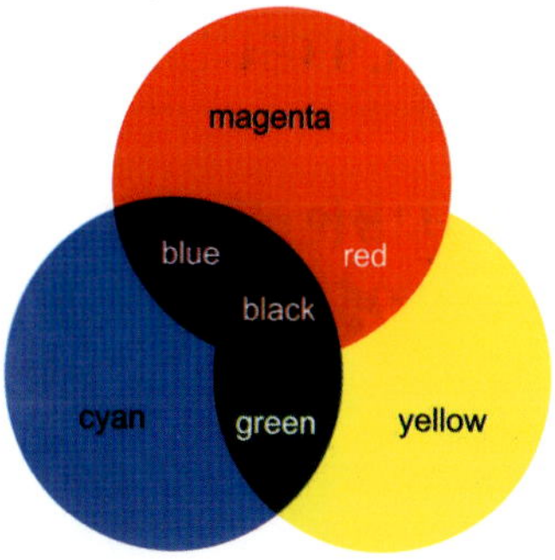

(6) 개성 연출의 기능

모든 색채는 각기 독특한 기능을 갖는다. 따라서 헤어 디자인을 할 때는, 색의 다양성을 반드시 고려해야 한다.

파란색은 차가움과 깊이를 주고, 빨간색은 격정과 열정을 주며, 노란색은 밝으면서도 가볍고 산뜻함을 느끼게 한다. 짙은 색은 용모의 뚜렷함을 주는 동시에, 작고 젊어 보이게 한다.

밝은 계통의 색은 부드럽고 친근감을 주지만, 외향성을 보여준다. 어두운 계통의 색은 무겁고, 차갑지만, 진실함을 느끼게 한다. 쿨 브론드는 조용하고 내성적인 이미지를 더해 준다.

3. 염모제의 올바른 사용

염모제는 올바르게 사용할 때, 그 가치를 충분히 발휘하게 된다.

염모제가 침투하는 정도에 따라서 일시적인 것, 반영구적인 것, 영구적인 것으로 분리된다.

1) 일시적 염모제

모발의 표면에만 색깔이 입혀지는 것으로, 한 번의 샴푸로 쉽게 제거되어, 지속되는 효과가 없다. 윤기 없는 모발을 일시적으로 윤기 있게 할 때 사용한다. 컬러 파우더 · 컬러 크레용 · 컬러 스프레이 · 컬러 크림 · 속눈썹 마스카라 등이 있다.

2) 반영구적 염모제

세미 퍼머넌트 헤어(semi permanent hair)라고도 한다. 한 번의 샴푸로 완전히 없어지지 않고, 샴푸할 때마다 서서히 없어진

반영구 염모제

다. 보통 4~6주 동안 지속된다. 모발의 표면에 입혀지는 동시에 모표피에도 침투되지만, 모발의 기본 분자구조를 변화시키는 것은 아니다. 컬러린스 · 프로그레시브 샴푸 틴트 · 산화 염모제 · 컬러 크림 등이 있다.

3) 영구적 염모제

이는 퍼머넌트 헤어 틴트(permanent hair tint)로, 모발의 기본 분자구조에까지 작용이 미친다. 모발 전체의 아름다운 색조를 아름답게 오래 유지시켜 준다.

모발이 새로 자라나서 모발을 다시 커트 하는 경우나, 모발을 탈색해서 색을 변화시키는 경우에 이용한다. 현재 사용되고 있는 대부분의 염모제가 여기에 속한다. 백발을 흑색으로 염색하는 파라페닐렌 디아민 · 다갈색 또는 흑갈색을 내는 파라트릴렌 디아민 · 산화하여 적색을 나타내는 모노 니트로 페닐렌 디아민 황갈색인 레조르시놀 등이 있다. 다만, 다음과 같은 점을 주의해야 한다.

① 색조의 얼룩이 지지 않도록 주의해야 한다.
② 옻 등의 부작용이 없어야 한다.
③ 알칼리성 염모제로 만들어야 한다.
④ 염색 바로 후에 일관, 공기, 경수의 영양을 받아 탈색되지 않아야 한다.
⑤ 콜드 웨이브에 탈색되는 등 영향을 안 받아야 한다.
⑥ 취급이 간단하고 손쉽게 이루어져야 한다.

4) 탈염 (dye remove)

탈염은 염색된 모발의 색을 제거하는 방법이다.

염색이 탈색되어 다시 새로운 색조의 염색을 하고자 할 때 사용한다. 일반적으로 산화염료를 분해해서 탈염을 하는데, 자극성이 강하다는 것이 특징이다.

이때에도 주의할 점이 있다.

① 사용 전에 제조품의 설명서를 꼭 읽어본다.
② 염색 전에 반응 검사를 꼭 실시한다.
③ 두피에 상처나 질환이 있을 때는 모발 염색을 하지 않는다.
④ 고무장갑을 반드시 착용하고 작업한다.
⑤ 약액을 혼합할 때에는 금속 용기를 사용하지 않는다.
⑥ 두피나 헤어 라인에 염모제가 묻을 경우, 탈지면으로 닦아낸다.
⑦ 염색이나 탈색 후 1주일 이내에는 퍼머넌트 웨이브를 하지 않는다.
⑧ 사용하다 남은 혼합된 염색약은 버린다.
⑨ 약제는 뚜껑을 꼭 닫아, 직사광선이 닿지 않는 그늘에 보관한다.

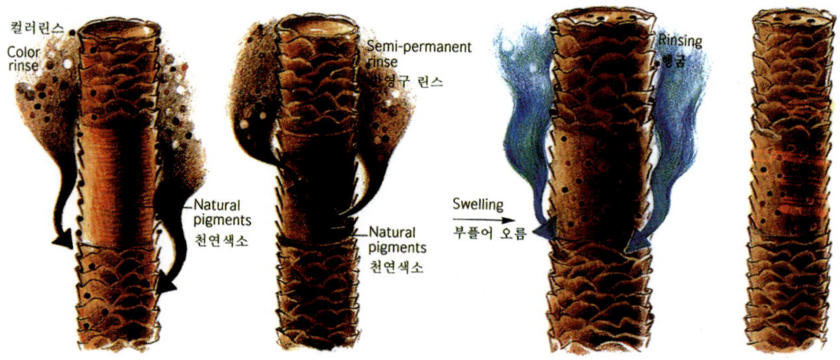

반영구 모발염색 작용

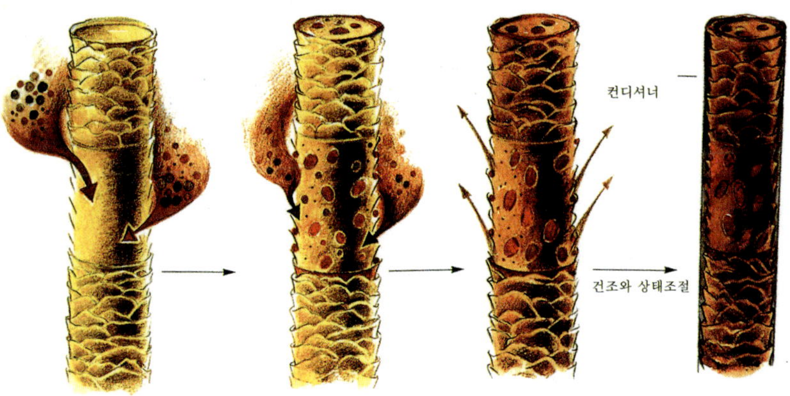

모발에 염료와 현상액 처리 / 연료 혼합물이 피질 안쪽으로 들어감 / 염료색소 형성 / 큐티클이 닫혀 색소를 감싼다.

(1) 염색을 하는 이유

① 자연적인 모발에 아름다운 색을 더해 준다.

② 염색 또는 탈색한 머리카락에도 색을 더해 준다.

③ 장식 효과를 나타내기 위해 포인트를 준다.

④ 자연 색소를 파괴시키고 가공적인 색을 더해 준다.

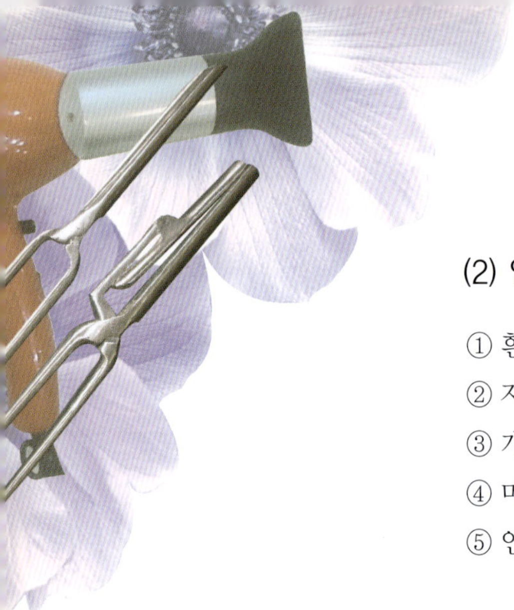

(2) 염색의 역할

① 흰 모발에 색깔을 입힌다.
② 자연 모발을 더욱 매혹적인 색깔로 바꾼다.
③ 개성적이고 발랄하게 가꾼다.
④ 머릿결을 더욱 곱고, 윤기 있게 해준다.
⑤ 인상을 밝고 아름답게 해준다.

(3) 모발 염색의 조건

① 바람이 없는 상태에서 20~30℃가 좋다.
② 염색시간은 정상 모발은 20~30분, 손상 모발은 15~25분.
③ 콜드 웨이브를 헤어 다이보다 먼저 한다.
④ 콜드 웨이브를 한 후, 1주일 뒤에 헤어 다이를 한다.
⑤ 콜드 웨이브와 헤어 다이를 같은 날 해야 할 경우에는, 오일 트리트먼트를 하여 두피의 손상을 막는다.
⑥ 헤어 다이의 효과는, 모발을 연화시켜 염모제의 침투를 용이하게 해 주는 것이다.

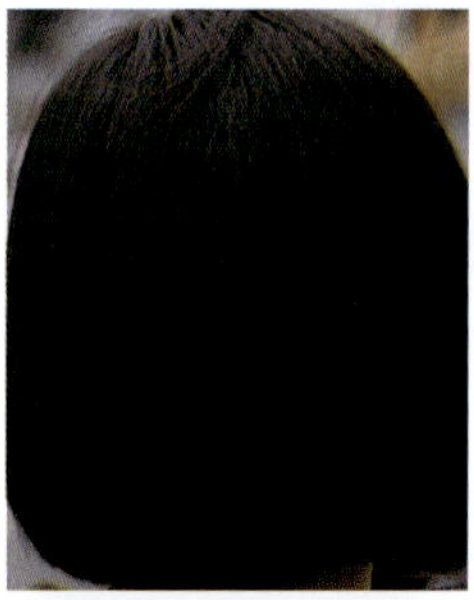

2) 탈색 (hair bleach)

(1) 탈색의 원리

탈색, 헤어 블리치(hair bleach)의 원리는, 멜라닌 색소의 성질을 이용하여, 산화제의 작용으로 멜라닌 색소를 분리시켜, 아름다운 모발 색소를 얻기 위한 것이다. 과산화수소에 암모니아수를 더하고, 이 때 발생하는 산소의 힘을 이용하여 멜라닌 색소를 파괴시켜 헤어 블리치, 즉 탈색이 이루어지도록 한다.

탈색은 자연적인 모발이나 인공적인 색조를 자기가 좋아하는 색조로 바꾸어 헤어스타일을 보다 발랄하고 아름답게 하고자 할 때, 모발 전체나 일부분을 탈색시키는 기술이다.

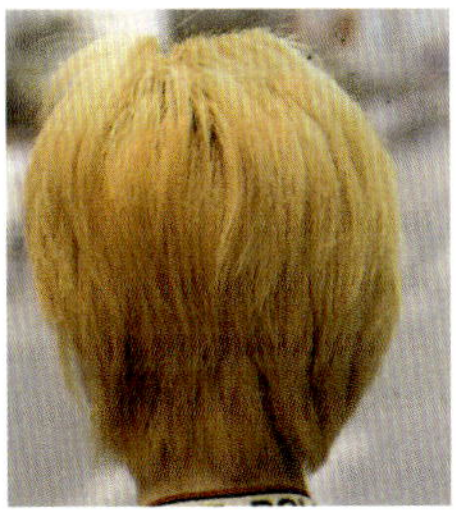

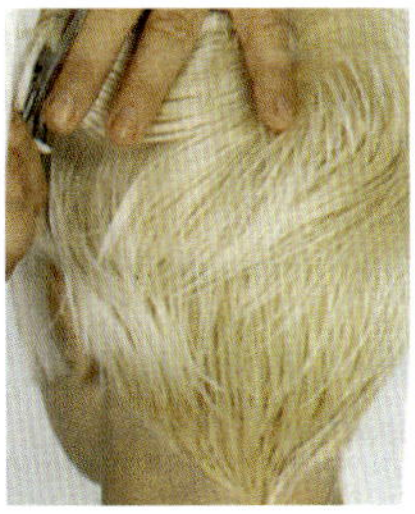

탈색은 왜 하는가?

① 모발의 색소를 전체 또는 부분적으로 탈색시키려는 것이다.
② 모발의 색을 원하는 색깔로 바꾸는 작업이다.
③ 컬러가 마음에 들지 않을 때 색깔을 바꾼다.
④ 염색 후 부분적으로 얼룩이 생겼을 때 하는 보완 작업이다.
⑤ 피부 · 화장 · 의상 등과 조화를 이루기 위해서 탈색을 한다.

(2) 산화제의 타입

산화제의 주제는 과산화수소이다.

이에 여러 가지 첨가제를 가해서 액상 · 크림형 · 분말상으로 사용된다.

1 액상 헤어 블리치

① 모발에 대한 탈색 작용이 빠르다.
② 탈색의 정도를 살피면서 작업을 진행할 수 있다.
③ 원하는 시간에 작업을 끝낼 수 있다.
④ 샴푸도 한 번으로 끝낼 수 있어 경제적이다.

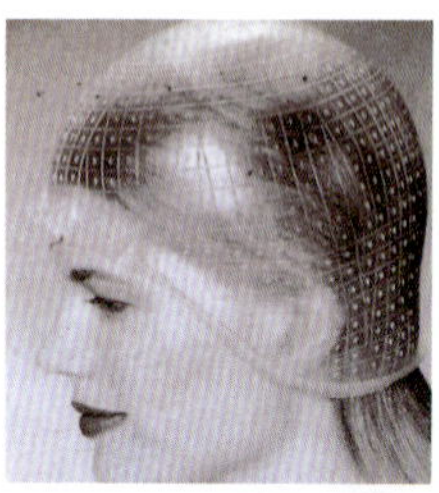

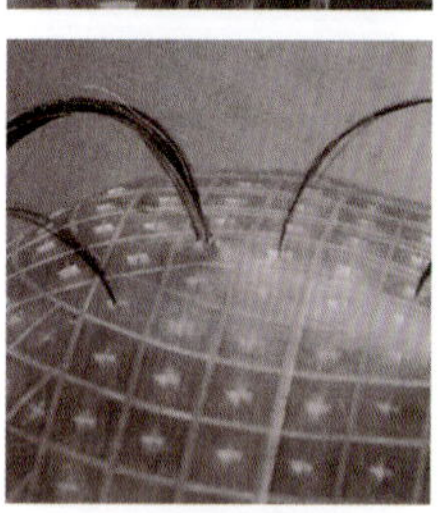

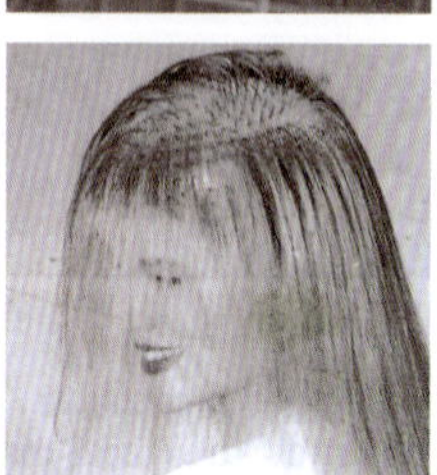

2 크림형 헤어 블리치

① 가장 일반적 보편적으로 사용되는 타입이다.
② 라놀린을 첨가해서, 무색투명한 과산화수소 용액으로 만든다.
③ 이 용액에 점성을 더하여 크림형으로 만든다.
④ 누발에 바르기 쉽도록 해 준다.
⑤ 바르는 동안 흘러내리거나 건조해지지 않도록 하는 역할을 한다.

3 분말상 헤어 블리치

① 산소의 발생을 도와주는 보조제와 표면 활성제가 들어 있다.
② 다른 타입에 비해 작용이 강하고 빠르다.
③ 모발에 바를 때 흘러내리지 않는다.
④ 두피를 자극하거나, 모발을 건성화 할 우려가 있다.
⑤ 모발의 부분적인 탈색에 매우 용이하고 유리하다.

(3) 시술상의 주의 사항

탈색을 할 때의 주의할 점은 다음과 같다.
① 시술 전에 샴푸를 해야 할 경우에는 브러싱을 하지 않는다.

② 샴푸할 때 두피를 자극하지 않는다.
③ 탈색한 모발은 건조함으로, 다공성 모발이 되기 쉽다.
④ 사후 손질로써 헤어 리컨디셔닝을 해준다.
⑤ 조합해서 사용하고, 남은 탈색제는 버린다.
⑥ 퍼머넌트를 할 때는 탈색 후 1주일 뒤에 한다.

3) 특수 염색기법

오늘날 미용실에서 모발 영양제로 야채 염색제를 비롯해, 금속 염료 제품 · 합성 염료제 등을 사용하기도 한다. 다만, 금속 염료제와 합성염료제는, 미용실에서 상업적인 용도로 사용하지 않고 있다. 그러나 고객들이 미용 재료상에서 구입해 집에서 사용하는 경우가 있다. 이럴 경우, 그 염색을 제거해야만, 미용실에서 새로운 서비스를 받을 수 있다.

(1) 야채 염색제품

① 야채를 이용한 헤나(henna)를 말한다.
② 본래 고대 이집트에서 사용했던 방법이다. 그들은, 인디고 색 · 샐비어색 · 카밀레 색 · 블론드 색 등을 사용했다.
③ 오늘날 미용계에서도 모발 영양제로 많이 사용한다.
④ 야채 가루를 미지근한 물에 타서 바른다.
⑤ 그 뒤, 케이프를 씌우고 20분 정도 가열한다.

(2) 금속 염료제품

① 납의 초산이나, 구리, 납, 은과, 피로갈로(pyrogallol) 등의 화합물로 염색하는 기술이다.
② 색을 저장해 준다는 것이다.
③ 철분으로 인해 모발에 강한 부착력을 갖고 있는 코팅 염색제이다.
④ 퍼머넌트 웨이브나 염색 · 탈색을 할 수 없다.
⑤ 모발이 상하거나, 색이 얼룩지는 일이 있다.

(3) 합성 염료제로

① 식물성과 철분 염색제의 복합이다.
② 모발에 강하게 코팅된다.
③ 염색 · 탈색에 겸해서 사용할 수 없다.
④ 퍼머넌트 웨이브에도 겸해서 사용할 수 없다.

4) 헤어 라이트닝(Hair Lightening)

헤어 라이트닝은 보통 탈색을 의미하는 말이다. 다시 말해서, 자연 모발의 색소를 없애는 일이다. 최근에는 블리치(bleach)라고 하여, 유행의 물결을 타기도 했다. 헤어 라이트닝에는, 프리 라이튼(pre lighten)과, 프리 소프튼(pre soften)이 있다.

프리 라이튼(pre lighten) 사전에 미리 옅게 해주는 시술 기술이다. 더블 프로세스 헤어 컬러링의 제1단계로, 본래의 색소를 리프트 또는 라이튼 하는 것을 말한다. 자연 모발보다 아주 다른 색상을 원하거나, 흰 머리카락을 완전히 감추려면, 고객이 요구하는 수준대로 탈색을 한 뒤, 일반 염색 용액으로 다시 염색해야 한다.

프리 소프튼(pre soften)은, 미리 부드럽게 해주는 시술 기술이다. 색상이 더 잘 침투하도록 하기 위해, 염색이 잘 안 되는 헤어와, 새치머리를 미리 사전에 처리하는 과정을 말한다.

고객의 모발이 지나치게 굵고 억세며, 저항력이 강하다면, 염색 용액을 염색 잘 흡수 할 수 있게 큐티클을 열어 주어야 한다. 모발 끝에서 두피까지 탈색제로 적셔주고, 4~5분 뒤에 염색하면 효과가 크다. 라이트너를 물로 헹구어 내지 말고, 수건으로 건조시킨 뒤에 염색약을 사용하는 것이 좋다.

(1) 라이트너의 목적

라이트너는 두 가지 이유로 한다.

① 모발을 아주 엷은 색으로 탈색시켜야 할 때.

② 토너와 틴트를 모발에 바르기 위해 트리트먼트를 할 때.

(2) 라이트닝의 작용

① 톤을 이용할 수 있게 해 준다.

② 헤어 컬러가 아주 화려하고 색이 밝아진다.

③ 부분적인 컬러로 개성을 살릴 수 있다. 머리 끝 꾸밈, 줄무늬 등이 가능하다.

④ 염색한 모발의 색을 제거해 준다.

⑤ 모발의 얼룩진 부분을 고쳐 준다.

(3) 라이트닝 할 때의 안전 사항

① 하루 전에 알레르기 반응 테스트를 실시한다.

② 테스트 결과가 양성 반응이면, 염색을 할 수 없다.

③ 고객의 두피에 이상이 있으면, 염색을 하지 않는다.

④ 염색 전에는 강하게 빗질을 하지 않는다.

⑤ 반드시 제품의 사용 설명서에 따라 염색을 한다.

⑥ 스트랜드 테스트는 반드시 해야 한다.

⑦ 금속 용구를 쓰지 말고, 플라스틱 제품을 사용한다.

⑧ 염색약은 사용하기 바로 전에 혼합해서 즉시 사용한다.

⑨ 염색 용액이 고객의 눈으로 흘러 들어가게 해서는 안 된다.

⑩ 염색 후, 미지근한 물로 샴푸한다.

4) 성공적인 토너를 위한 지혜

① 오버 라이트닝은, 토너를 아주 빨리 흡수한다.
② 언더 라이트닝은, 빨강 · 노랑 · 오렌지색이 표현하려는 색보다 더 나타난다.
③ 레드와 골드 색을 제거하지 못했을 때, 토너 뒤에 그린 색이 보이거나 토너를 전혀 받아들이지 않을 수도 있다.

5) 토너(toner)

토너는, 아닐린을 함유한 영구적인 염색약을 말한다. 프리 라이트닝을 한 뒤, 사용하는 파스텔 색상이다. 라이트너를 사용하는 것은, 아주 엷고 밝은 색을 원할 때이다. 트레이닝을 한 모발에는 토너를 넣어주어야 한다. 이 때, 토너는 과산화수소를 쓰지 않은 코팅제품을 말한다. 다만, 고객에게 사용하기 전에 반드시 반응검사를 해야만 한다. 토너를 사용함으로써, 라이트닝과 염색을 동시에 할 수 있어 2단계 염색이라고도 한다.

6) 틴트(tint)

틴트는, 염색약을 말한다.

고객이 헤어 컬러의 변화를 많이 요구한다면, 먼저 트레이닝을 한 다음 틴트를 사용해야 한다. 다만, 틴트는 과산화수소와 배합되어 있으므로, 모발의 상태가 과산화수소에 잘 견디는지를 살펴보는 것이 중요하다.

7) 토너를 위한 순서

① 모발을 4개의 섹션으로 나눈다.

② 제품의 사용 설명서에 따라 토너를 섞는다.
③ 고객의 모발을 가볍게 샴푸한 뒤 수건으로 건조시킨다.
④ 헤어 라인의 피부를 보호할 수 있는 크림을 바른다.
⑤ 정수리부터 바르기 시작한다.
⑥ 모발 끝 쪽은 침투성이 강하므로 찌꺼기가 없도록 주의한다.
⑦ 스트랜드 테스트를 자주 해야 한다.
⑧ 토너 후 샴푸를 간단하게 한다.
⑨ 고객이 원하는 헤어스타일을 만든다.
⑩ 주위를 정리 또는 정돈한다.

8) 아닐린 염료 빼기

모발의 컬러를 바꾸거나, 잘못된 염색을 고치려면, 모발 전체나 특정 부분에서 색을 빼내야 하는 경우가 가끔 발생한다.

이런 실수에 대비하여, 시중에는 착색이 된 염색을 빼낼 수 있는 컬러 리무버가 나와 있다. 컬러 리무버에는, 과산화수소, 하이포아황산, 나트륨, 미네랄, 유황 오일 등이 섞여 있다. 모발의 큐티클이 많이 열려 있을 때에는, 염색약이 빨리 흡수되기 때문에, 다시 본래의 검정색으로 되는 경우가 생길 수도 있다. 그러므로 반드시 스트랜드 테스트를 2~3 차례 해 본 뒤에, 전체 모발에 틴트하는 것이 좋다.

9) 코팅 색 빼기

모발에 달려 있는 코팅용 염색을 완전히 제거한다는 것을 고객에게는 말해주지 않는 것이 좋다. 금속 염료들인 메탈릭 다이 등 침투하는 염색이 아닌 모발에 덮여 있는 코팅용 염색이 남아 있을 경우가 있기 때문이다. 실제적으로 염색의 완전한 제거란 사실상 불가능한 일이다.

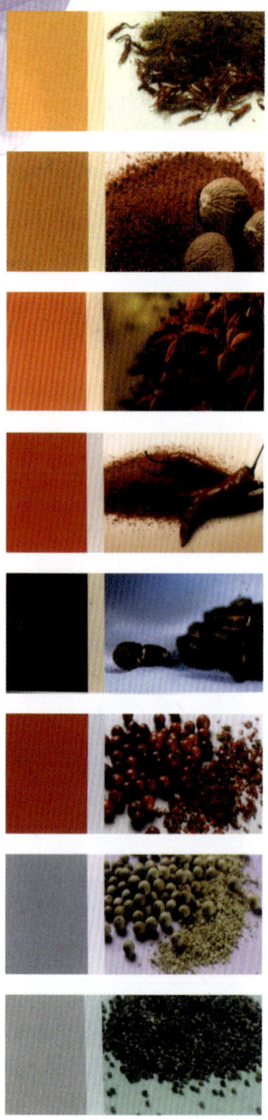

10) 자연 모발로 돌아가기

웰빙과 내추럴 바람이 잔잔하게 불면서, 자연 모발 색으로 돌아가려는 사람들이 늘어나고 있다.

자연 색으로 돌아가는 염색 방법에는 여러 가지가 있다. 이럴 경우는, 전체 모발이 어떤 색인지 살펴보면서, 다음 세 가지를 꼭 확인해야 한다.

① 모발의 코팅과 모발 색
② 고객이 원하는 헤어 컬러
③ 자연 색은 어떤 색인지 확인

그런 다음, 몇 가지를 더 생각해야 한다. 어떤 농도의 색을 써야 하는지 기본 색의 필터를 미리 시험해 본다. 컬러 필터를 사용해야 한다. 그렇지 않을 경우, 모발의 끝부터 두피의 모발까지 같은 컬러를 만들기는 어렵다. 이유는, 다공성에 의한 침투력이 누피에서부터 모발 끝까지 여러 차례 변하기 때문이다. 따라서 스트랜드 테스트는 필수적이다

Beauty&Hair Art

ESPRIT

가슴에 담아두면 언제나 힘이 되는 말들! (빌게이츠의 명언)

그대 인생을 그대가 망치고 있으면서 부모 탓을 하지 마라. 불평만 일삼을 것이 아니라 잘못한 것에서 교훈을 얻어라.
If you mess up, it's not your parents' fault, so don't whine about your mistakes, learn from them.

타인을 선대하는 것은 곧 자신을 선내하는 것이다.

너그럽지 못한 것은 곧 여유가 없음을 말한다.

비판 대신 칭찬을 하라.

능동적으로 상대에게 적응하라.

Chapter 15
업스타일

1. 업스타일(up style)의 개념

업스타일은, 여성의 모발을 묶어 위로 치켜 올리는 헤어스타일이다. 따라서 목덜미가 드러나면서 또 다른 아름다움과 신선한 이미지를 느끼게 해준다. 모발을 머리 위로 묶어 올려서, 여러 가지 형태를 만들고, 핀으로 꽂는 헤어스타일을 말한다.

헤어 디자이너의 관점에 따라, 얼마든지 다양한 형태의 창작품을 만들어낼 수 있는 독특한 분야이다.

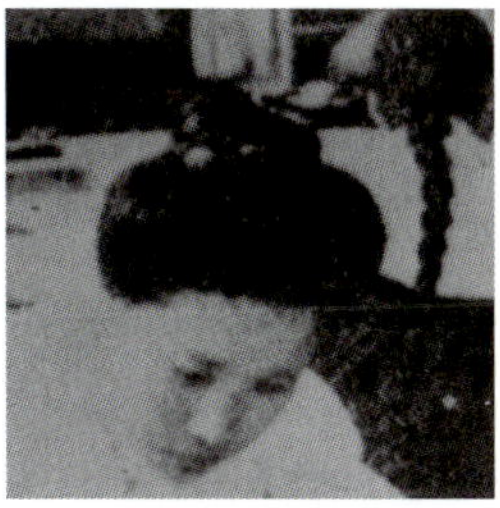

풍타두르스타일

1) 업스타일의 역사

프랑스 대혁명으로 구 정치체제는 완전히 사라지고, 머리형도 변화되어 다양한 모습으로 바뀌었다.

자연회귀의 풍조가 높아지면서, 그리스적인 고전풍의 의상과 헤어스타일이 유행되기 시작했다.

19세기 때, 퐁파두르 풍의 앞머리에 길게 말아서 늘어뜨린 앙글레즈를, 어깨에 여러 가닥 늘어뜨린 머리형이 영국에서 프랑스로 역수입되었다.

이로 인해 헤어스타일은 빠른 속도로 화려한 유행을 불러 왔다.프랑스의 참패로 끝난 프로이센-프랑스 전쟁 이후, 안정기를 거쳐 제1차 세계대전 당시까지 파리는 그야말로 정말 멋진 시대를 맞았다.폭포가

떨어지는 듯한 헤어스타일인 워터폴 형이 유행했고, 제2차 세계대전까지는 미용계에 혁명적인 영향을 안겨준 M. 그라토의 마셀 웨이브가 개발되어 대유행을 불러 일으켰다.

동양에서는 그랑 퐁파두르 형이 유행의 물결을 탔다. 이것이 오늘날의 업스타일(up style)의 기원이 된 것이다.

2) 업스타일의 특징

① 우아한 인상을 준다.
② 부드러운 이미지를 안겨준다.
③ 정숙한 여인상을 느끼게 한다.
④ 깔끔한 이미지를 풍겨 준다.
⑤ 시원스러운 자태를 안겨 준다.

(1) 업스타일을 만드는 기본

업스타일은 섹션 없이도 만들 수 있으나, 여러 갈래로 나눠 모양을 낼 수도 있다. 헤어 디자이너에 따라 각기 독특한 방법으로 다양하게 창조할 수 있다는 것이 특징이다. 일반적인 업스타일 만들기의 기본 순서는 다음과 같다.

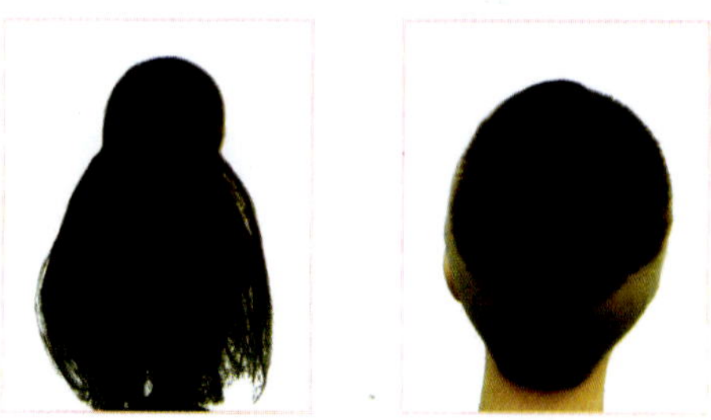

[백콤을 이용한 방법]

① 모발을 하나로 꼰다.
② 모발을 두 갈래로 꼰다.
③ 모발을 여러 갈래로 땋는다.
④ 모발로 조개 모양을 만든다.
⑤ 모발을 엮는다.
⑥ 매듭을 서로 연결한다.
⑦ 웨이브를 연결한다.
⑧ 헤어네트를 사용한다.
⑨ 부분 가발을 이용한다.
⑩ 고무줄로 묶는다.

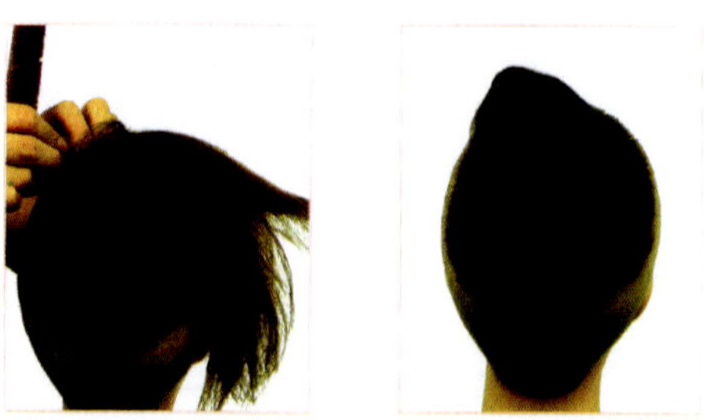

[롤을 이용한 방법]

1 토대 베이스의 기본 모양

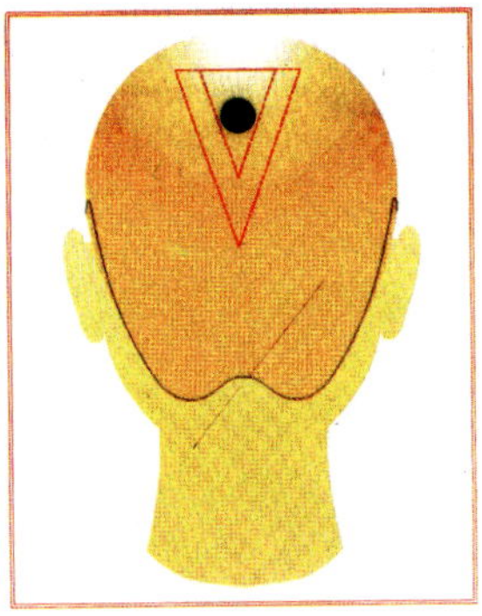

[역삼각형]

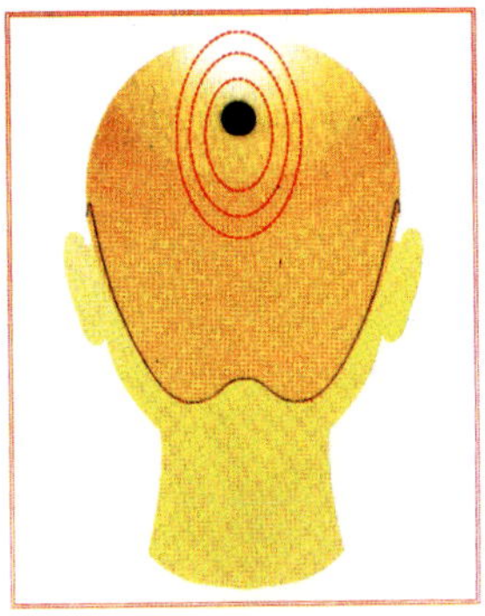

[세로 타원형]

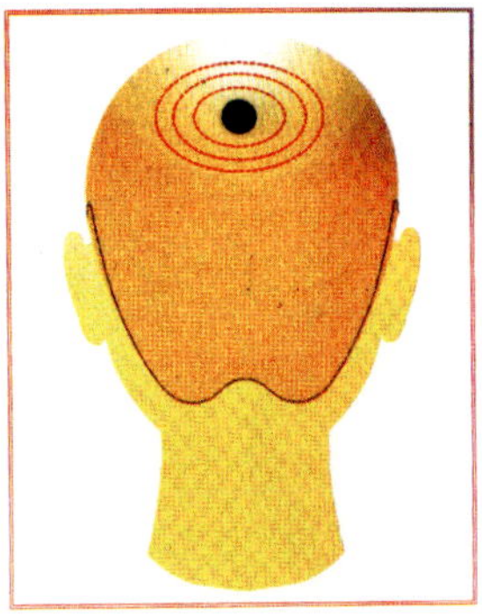

[가로 타원형]

2 토대 베이스의 응용 모양

역삼각형이나 타원형 토대가 기본형이지만, 디자인에 따라서는 U자형이라든지 다이아몬드형 등도 사용할 수가 있으며 위치와 크기도 변화시킬 수 있다.

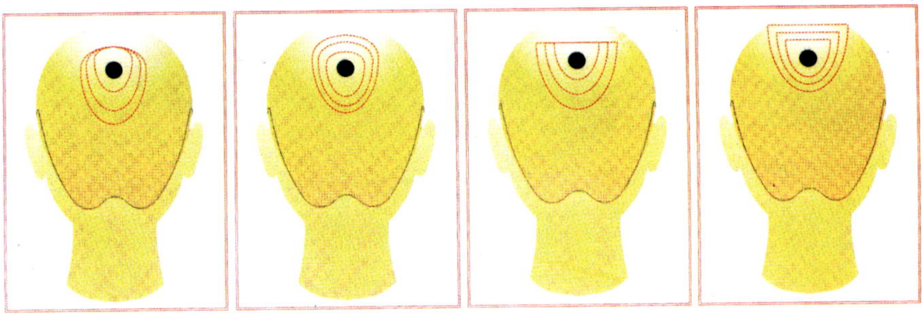

[U자형 토대]

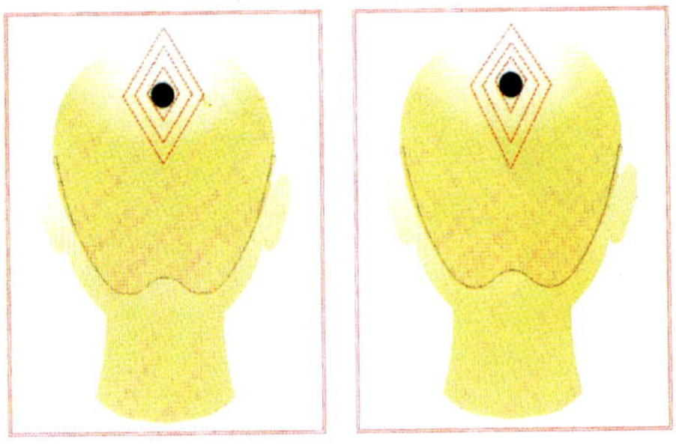

[다이아몬드형 토대]

1. 모양

[세로타원형]

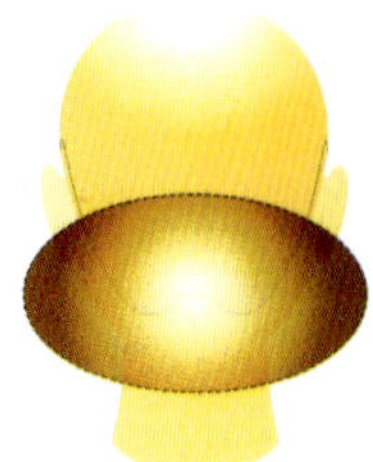
[가로타원형]

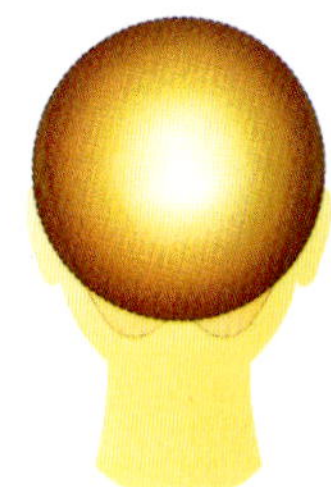
[원형]

2. 크기

[위 감소 형]

[네이프 형]

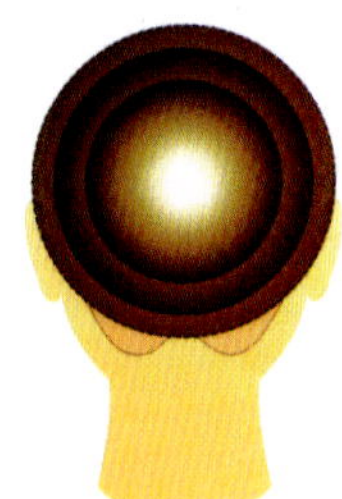
[백 형]

3. 방향

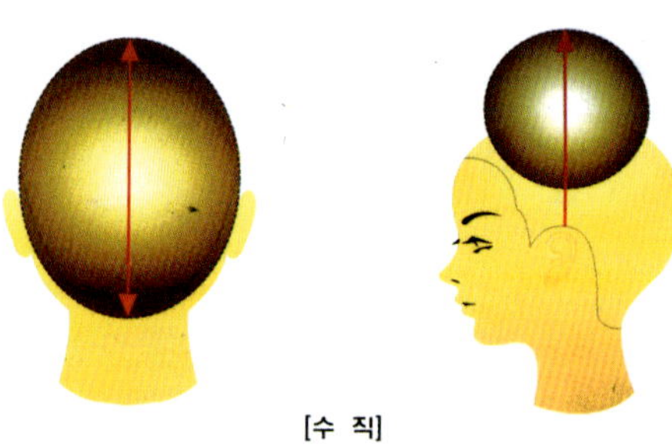
[수 직]

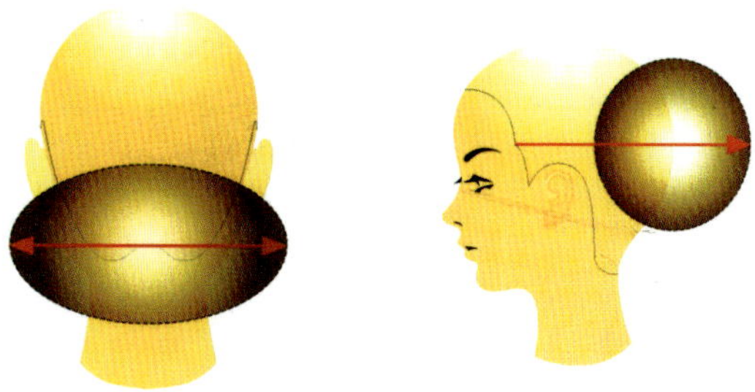

[수 평]

4. 위치

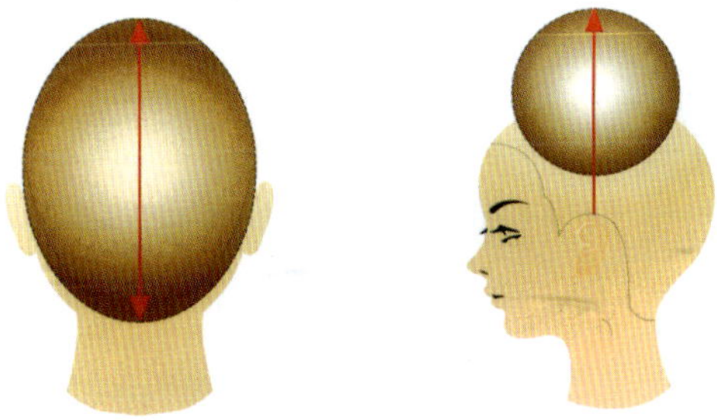

[하이 : 우아함, 화려함]

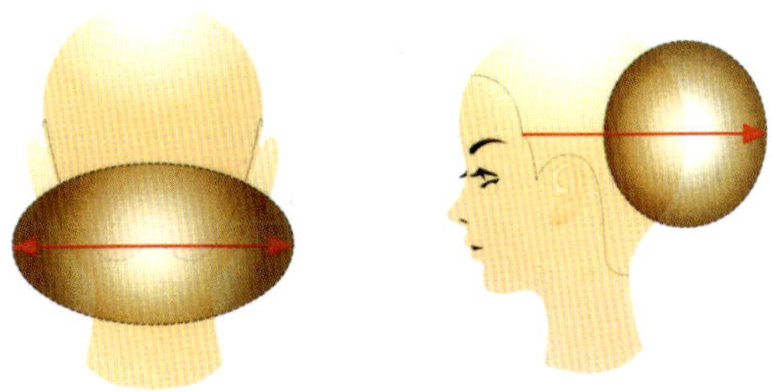

[미디움 : 안정감, 발랄함]

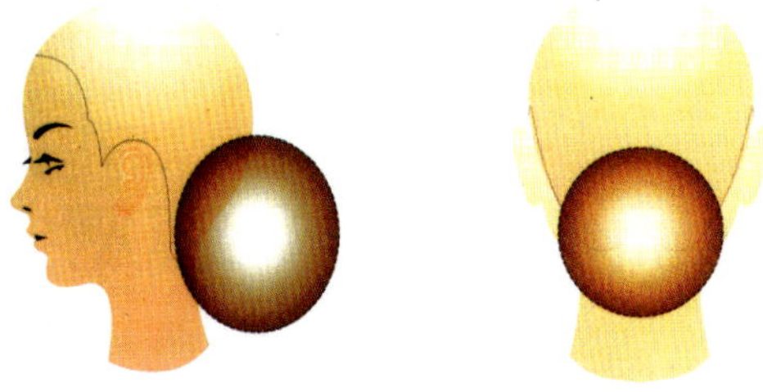

[로우 : 고전적, 딱딱함]

3) 얼굴형과의 관계

업스타일을 만들 때 주의해야 할 일은, 얼굴형과의 관계 설정을 잘 해야 한다는 점을 잊지 말아야 한다. 모발의 결에 따라, 빗겨나간 선과 모양새에 따라 젊게 보이기도 하고, 나이가 들어 보이게도 엮어낼 수 있다. 때문에, 업스타일의 기법에서는 '이런 것이다' 하고 내놓을 공식적인 해법이 없다.

업스타일이라고 하는 헤어스타일의 용어는 같지만, 만드는 사람의 개성에 따라, 모델의 체격에 따라, 모델의 얼굴형에 따라, 아주 다른 예술적 헤어스타일로 만들어 낼 수 있기 때문이다. 각기 얼굴이 다른 고객을 통해, 모발의 질과 감이 다른 고객을 모델로 삼아 작품을 연출하는 과정이므로, 모델과의 호흡도 실기 못지않게 중요하다.

헤어 디자이너가 작품을 만들고 있는 모델인 고객의 얼굴과, 이마에 따라서 그 고객에게 가장 잘 어울리는 창작 예술품으로 연출하기 때문에, 헤어 디자이너의 미용 기술을 한 눈에 볼 수 있다는 매력이 있다.

(1) 젊게 보이는 업스타일

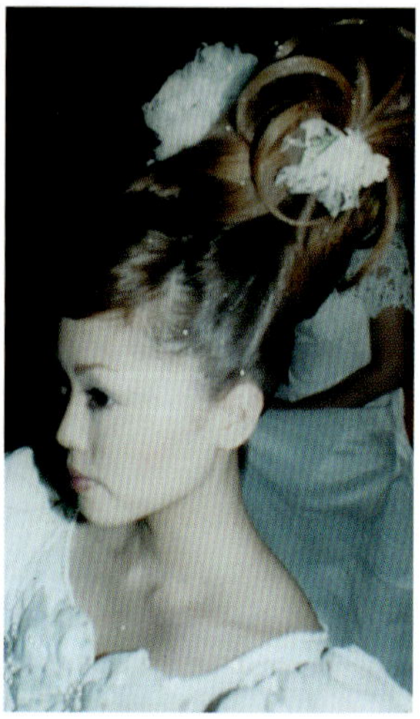

① 먼저 앞머리 정돈을 잘 해야 한다.
② 모발의 빗겨나간 선이 중요하다.
③ 눈썹 · 눈 꼬리 · 옆 모발의 평행선에서 위쪽으로 빗긴다.
④ 컬을 가볍게 하여 자연스럽게 꾸민다.
⑤ 올려놓은 뒤쪽 모발의 형체가 앞에서도 약간 보이게 한다.
⑥ 앞이마가 투박해 보이지 않게 한다.
⑦ 앞이마의 볼륨을 높게 하지 않는다.

(2) 나이 들어 보이는 업스타일

① 눈썹 끝과 눈 꼬리의 평행선에서 아래로 내려가게 빗긴다.
② 옆 모발의 평행선에서 아래쪽으로 흐르게 한다.
③ 앞 모발에 볼륨을 준다.
④ 앞머리 중간쯤에 웨이브를 준다.
⑤ 올린 형태가 투박한 느낌이 들게 한다.
⑥ 올린 형태가 풍성한 모양으로 뭉쳐지게 한다.

(3) 무난해 보이는 업스타일

① 눈 꼬리와 눈썹 끝의 평행선 아래로 빗긴다.
② 옆 모발도 평행선에서 아래쪽으로 빗긴다.
③ 모발을 후두부 중간쯤에서 정리한다.

(4) 긴 얼굴의 업스타일

① 모발을 눈썹 끝과 눈 꼬리에 평행이 되도록 빗긴다.
② 양 쪽 옆에 볼륨을 준다.
③ 이마에 전체적으로 자연스러운 컬이 흘러내리게 한다.
④ 얼굴의 길이가 짧아 보이도록 컬을 한다.
⑤ 뒤 모발은 후두부나 목덜미에 둔다.
⑥ 가로로 넓게 만든다.

(5) 둥근 얼굴의 업스타일

① 옆 모발의 평행선에서 위나 아래로 늦추어 빗긴다.
② 눈썹 끝과 눈 꼬리의 평행선에서 위나 아래로 빗긴다.
③ 뒤 모발은 정수리 부분보다 높게 한다.
④ 뒤 모발을 목덜미에 늦추어 정리한다.

(6) 키가 작고, 목이 짧은 사람의 업스타일

① 키가 작은 사람은 정수리 부분을 높게 올린다.
② 목이 짧은 사람도 정수리 부분을 높게 올린다.
③ 뒤 머리에 세로로 가르는 선을 만든다.
④ 후두부나 목덜미 언저리에 머리를 올리지 않는다.

2. 업스타일 만들기의 실제

1) 업스타일의 기법

업스타일의 기법은 무척 다양하다.

일반적인 기법으로는, 사과 반쪽형 · 삼각형 조개껍질 모양 · 조개껍질형 · 납작한 조개껍질형 · 볼륨 조개껍질형 만들기 등이다.

(1) 사과 반쪽형 만들기

① 섹션 밑에 백콤을 적당히 넣는다.
② 모발 위 부분을 깨끗하게 빗긴다.
③ 겉 부분을 가볍게 빗긴다.
④ 두피 쪽에서 바비 핀으로 고정시킨다.
⑤ 만들려는 업스타일의 크기에 맞춰 끝 부분도 핀으로 고정시킨다.

(2) 삼각형 조개껍질 모양 만들기

① 모발을 삼각형으로 빗는다.
② 섹션의 위쪽을 바비 핀으로 꽂아 고정시킨다.
③ 손가락으로 둥글고 넓게 밑으로 내린다.
④ 바비 핀으로 고정시킨다.

⑤ 밑넓이를 넓게 또는 둥글게 한다.

(3) 납작한 조개껍질형 업스타일

① 두피 쪽에서 바비 핀으로 고정시킬 때 섹션을 둔다.
② 겉 부분을 살짝 빗겨 납작하게 만든다.
③ 끝을 핀으로 고정시킨다.

(4) 조개껍질형 업스타일

① 두피 쪽에서 바비 핀으로 고정시킬 때, 섹션을 조금 둔다.
② 모발의 안쪽에 가벼운 백콤 처리를 해도 좋다.
③ 모발 가닥을 약간 옆으로 돌아가게 움직인다.
④ 끝 부분을 핀으로 고정시킨다.

(5) 볼륨 조개껍질형 업스타일

① 섹션을 올려 빗는다.
② 모발 안쪽에 백콤을 넣고, 핀으로 고정시킨다.
③ 가볍게 빗고, 원하는 만큼 크고 둥글게 만든다.
④ 끝을 핀으로 고정시킨다.

2) 모발 땋는 법

업스타일을 만들기 위해서는 모발을 땋아야 한다. 모발을 땋는 방법은, 만들고자 하는 업스타일에 따라 다양하다. 일반적으로 업스타일을 위한 모발 땋기에는, 조개껍질형 땋기 · 네 갈래 땋기 · 여덟 갈래 땋기 등이 있다.

(1) 조개껍질형 땋기

① 섹션의 두피 쪽을 들고, 큰 바비 핀으로 고정시킨다.
② 다른 두 섹션도 고정시킨다.
③ 모발의 왼쪽 가닥을 가운데 밑으로, 오른 쪽 가닥은 왼쪽에서 온 모발의 가닥 밑으로 가게 한다.
④ 다시 오른쪽 모발은, 가운데 모발 가닥 위로 가게 한다.
⑤ 컬이 없는 모발은, 안으로 땋는 방법과 같다.

(2) 네 갈래 땋기

① 모발을 네 갈래로 나눈다.
② 가운데 두 갈래를 엇갈려 땋기 시작한다.
③ 옆의 우측 갈래는 왼쪽 것의 위로 얹고, 좌측 것은 우측 갈래 밑으로 가게 하여 땋는다.
④ 양쪽 두 갈래가 가운데 있게 땋고, 우측 갈래가 밑으로, 좌측 갈래가 위로 가도록 땋는다.

(3) 여덟 갈래 땋기

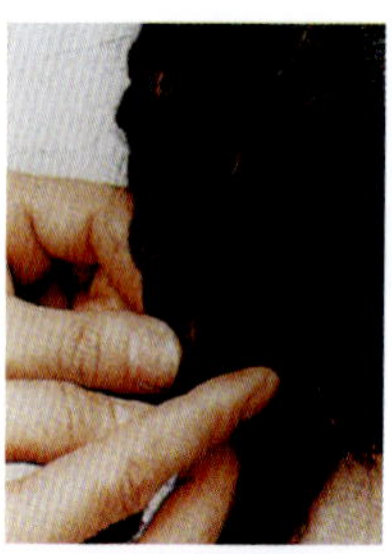

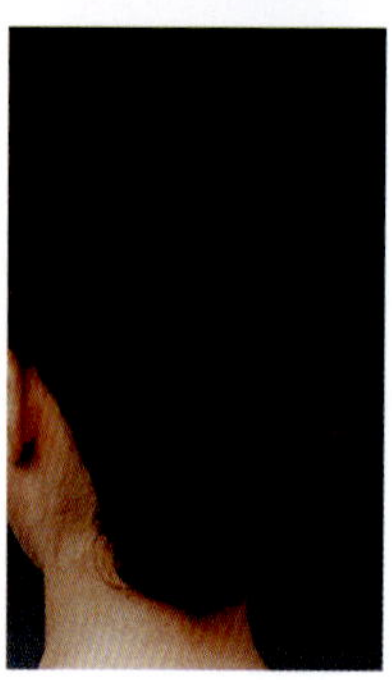

① 여덟 갈래로 나누고, 중앙의 두 갈래를 옆으로 엮는다.
② 우측 갈래는 좌측 밑으로, 좌측 갈래는 우측 위로 가게 한다.
③ 끝의 갈래는 우측이 안으로, 좌측 끝 갈래는 안으로 가게 한다.
④ 중앙 두 갈래(좌 3번째, 우 3번째)를 서로 엮는다. 좌는 우의 위로 가게 한다.
⑤ 좌우를 서로 엮는다. 중앙 두 갈래는 양끝에 가 있다. 양끝에서 3번째를 가운데서 엮어 맨 끝으로 가도록 한다.
⑥ 양옆의 2번째 갈래를 엮는다.
⑦ 중앙에서 서로 엮고 맨 끝까지 엮어 나간다.
⑧ 양끝 갈래들을 중앙에서 서로 엮으면서, 끝으로 가며 계속 엮는다.

3. 업스타일 올리는 방법

업스타일을 올리는 방법은, 소라머리, 섹션 없이 하는 머리의 프렌치 트위스트와, 두 섹션의 프렌치 트위스트의 조개머리 올리는 방법 등이 있다.

1) 소라머리 올리는 방법

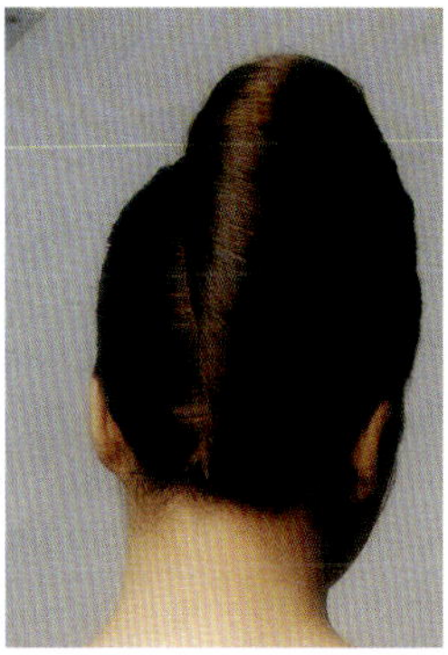

프렌치 트위스트(french twist)라고 한다.

소라머리(섹션 없이 하는 머리)를 올릴 때의 방법이다.

① 섹션을 얇게 해서 모발 가닥을 반대쪽으로 빗겨, 모발의 뿌리 부분까지 백콤을 고르게 넣는다.

② 살이 촘촘한 브러시로 모발 위에서 겉만 살짝 빗는다. 정수리 부분부터 차곡차곡 모발의 결을 맞추어 놓는다.

③ 뒤 모발을 두피의 뿌리까지 모발 결이 가로로 가게 빗는다.

④ 큰 바비 핀을 서로 엇갈리게 꽂는다.

⑤ 백콤과 함께 두꺼운 부피의 핀이 고정되도록 높이에 따라, 정수리 부분의 근처까지 핀을 꽂는다.

⑥ 핀 작업이 끝나면, 세로 모발의 결을 잘 맞추어 놓는다.

⑦ 중앙의 핀을 덮어 빗질하고, 오른손을 중앙의 핀이 있는 곳에 넣고, 모발의 끝을 잡은 뒤 손을 튼다. 이 때 목 부분을 타이트하게 돌려야, 목 부분이 단단하며 예쁘게 된다.

2) 꼬아 만들기

① 컬이 없는 스트레이트 모발로 시작, 일부분은 삼각형으로 섹션을 넣는다.

② 두 가닥으로 나누어 한 번 꼰다.

③ 먼저 만든 두 가닥을 한번 땋고, 뒤 자리에 오면, 옆의 섹션에 손가락을 넣어 먼저 것과 함께, 양쪽에서 집어 계속 땋는다.

④ 귀밑머리로 내려갈 때, 헤어 라인이 너무 느슨하게 되지 않도록 한다.
⑤ 다른 쪽도 같은 방법으로 꼬아 내려간다.
⑥ 땋은 끝을 구부려 안쪽으로 접고, 천천히 내려 목 부분으로 늘어뜨리고 핀을 꽂아 고정시킨다.
⑦ 끝 부분을 핀으로 고정시킨다.

3) 리본형 업스타일

① 셋으로 섹션 한 뒤, 뒤쪽의 모발을 귀 중간쯤까지 올린다.
② 가르마 없이 올백으로 넘겨, 정수리부터 둘로 나눈다.
한쪽을 묶고 다른 쪽을 그 옆에 놓고, 핀으로 고정시킨다.
③ 묶은 모발을 세 등분하여, 양옆으로 각각 티징을 많이 넣어 큰 리본을 만든다. 끝 모발은 아래로 곱게 빗어 조개껍질형을 만들고, 안을 핀으로 고정시킨다.

리본형 응용작품

Chapter 16
두피 관리

1. 두피의 관리

현대미용의 실제에 있어서 고객의 두피 관리는, 미용실의 중요 업무 영역의 하나가 되고 있다.

두피 관리(scalp treatment)는, 샴푸 후 마사지 등으로 건강한 두피를 유지하도록 도와주는 서비스의 하나이다. 두피 손질, 또는 두피 메니풀레이션이라고도 한다.

두피 관리의 목적은, 모발과 피부의 건강과 아름다움을 유지하기 위해 꼭 필요한 과정이다. 두피에 지방성분이 많다거나, 비듬

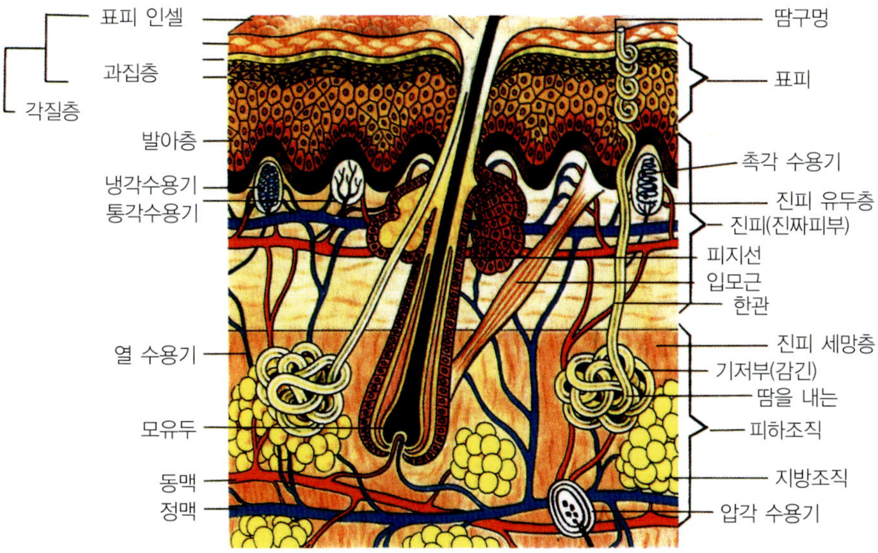

두피의 단면 모시도

이 많다거나, 모발이 빠진다는 것은, 두피와 모발에 악영향을 미치고 있다는 증거가 된다. 따라서 두피 관리의 우선순위는 청결이다. 두피 관리를 위한 마사지 서비스는 혈액 순환을 돕고, 신경을 안정시키며, 땀샘과 지방샘의 활동을 도움으로써, 두피와 모발이 모두 건강하도록 이끌어 주는 작업이다.

1) 두피 마사지

두피를 관리해 주는 기본은 손동작이다.

따라서 두피 손질이건, 두피 마사지이건 동작이라는 의미에서는 근본적으로 같다.

작업을 하는 동안, 지켜야 할 일은 다음과 같다.

① 동작을 연속적으로 해야 한다.
② 손동작의 강약이 일정하고 리듬이 있어야 한다.
③ 두 손으로 하되, 어느 한 손도 도중에 중단해서는 안 된다.
④ 마사지를 하는 동안 고객이 편한 자세로 있도록 해야 한다.
⑤ 고객에게 부담을 주어서는 안 된다.

2) 두피의 상태

두피 손질에서는, 고객의 두피를 먼저 파악해야 한다.

고객의 두피 상태에 따라, 두피 손질의 방법을 달리해야 한다.

두피 손질에는 영양분을 주어, 마시지 하고, 깨끗하게 관리하는 것이 원칙이다.

모발도 영양분을 주어 잘 관리해 주면, 대머리가 되는 것을 예방할 수 있다. 두피는 정상적인 보통 두피와 건조한 건성 두피, 지방성 두피로 구분한다.

(1) 정상 두피의 경우

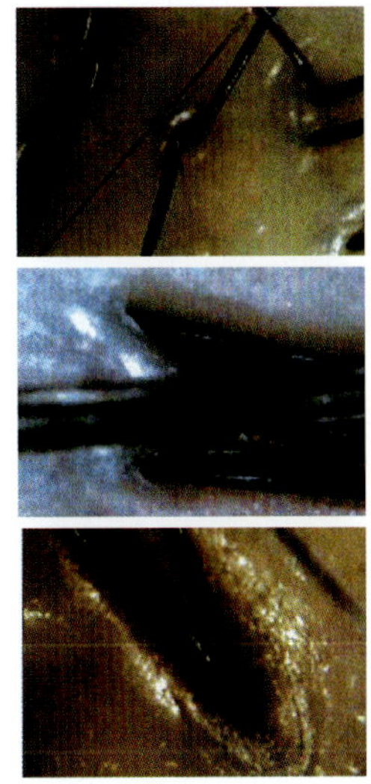

① 두피가 적당한 지방 막으로 싸여 있다.
② 두피가 정상적인 각화 작용을 한다.
③ 이런 두피에는 정상 두피 손질로 한다.
④ 헤어 브러싱을 5분 정도 한다.
⑤ 수건으로 물기를 없앤다. 헤어드라이어를 이용해도 좋다.
⑥ 오일 또는 크림을 두피에 바른다.
⑦ 적외선 전등을 5분 정도 쐰다.
⑧ 두피 마사지를 10분 이상 한다.
⑨ 가볍게 샴푸하고 수건으로 건조시킨다.

(2) 건성 두피의 경우

① 두피의 피지 분비가 과잉 상태다.
② 두피에 기름기가 많은 상태이다.
③ 지성 두피용, 자극성이 없는 로션을 사용한다.
④ 두피 메니플레이션을 한다.
⑤ 헤어 브러싱을 5분 정도 한다.
⑥ 필요한 컨디셔너를 두피에 바른다.
⑦ 두피 마사지를 10분 이상 한다.
⑧ 모발에 모자 식의 헤딩 캡을 씌운다.
⑨ 가볍게 샴푸하고 수건으로 건조시킨다.
⑩ 지방성과 알코올 성분이 없는 영양 로션을 가볍게 바른다.

(3) 지방성 두피의 경우

① 두피에 지방성이이 많다.
② 모발에 기름기가 있다.
③ 헤어 브러싱을 5분 정도 한다.
④ 필요한 컨디셔너를 두피에 바른다.
⑤ 의사에 처방이 있을 경우, 처방된 약품을 솜에 묻혀 두피에

문지른다.

⑥ 적외선 전등을 5분 정도 씌워 준다.

⑦ 마시지를 한 뒤, 샴푸하고 수건으로 건조시킨다.

⑧ 고주파를 5분 정도 이용한다.

⑨ 영양제를 두피에 바른다.

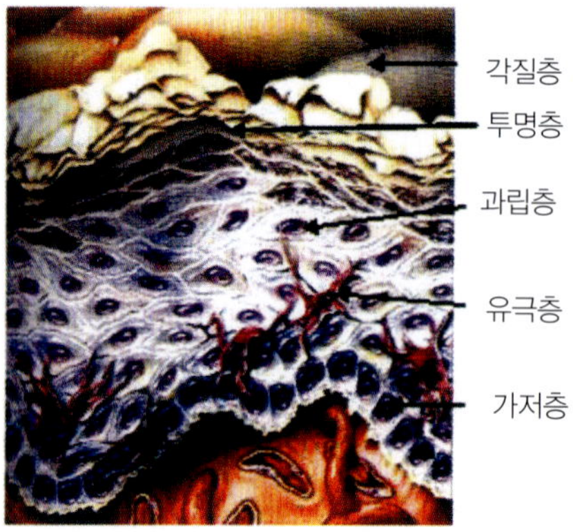

표피 단면도

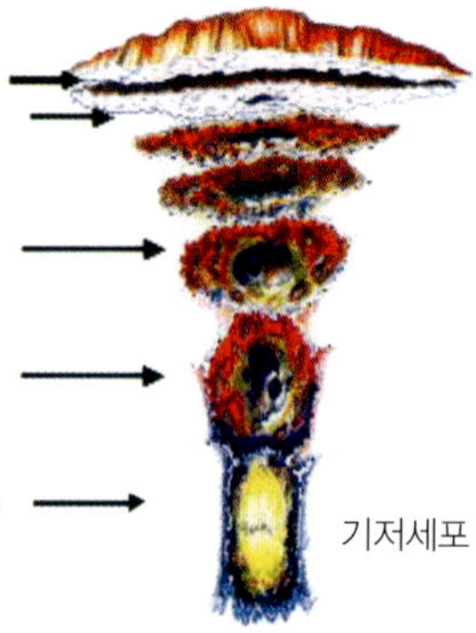

표피의 각화과정

2. 비듬의 관리

비듬은 두피가 부스러져서 떨어지는 하얀 조각을 말한다.

비듬이 생기면 일단 가려움을 느낀다. 두피의 이상으로 생기는 비듬은, 그 증상에 따라 건조한 비듬과, 지방성 비듬으로 구분한다.

비듬은 왜 생기는가? 이유는 두 가지이다. 직접적 이유와 간접적 이유 때문이다.

1) 비듬이 생기는 이유

(1) 직접적 이유

① 두피는 3~4주 단위로 겉껍질이 벗겨진다.

② 벗겨진 뒤에는 속살이 올라와야 정상적이다.
③ 이 때 속살이 건강한 두피가 되지 못하고 부스러진다.

(2) 간접적 이유

① 혈액 순환이 원활하지 못하다.
② 전염병이나, 상처 때문이다.
③ 신경이 둔화되고 영양실조가 되었기 때문이다.
④ 두피가 청결하지 못하고 불결하다.
⑤ 강한 샴푸 후 깨끗하게 헹구지 않을 때 생긴다.

2) 비듬의 종류

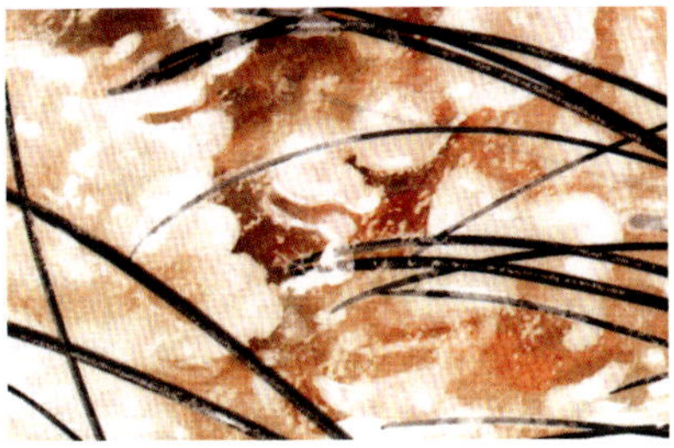
비듬두피

비듬은 건조한 비듬과, 지방성 비듬에 따라 관리 또는 손질하는 방법이 다르다.

건조한 비듬이 생기면 몹시 가려워진다.

모발에 흰 조각이 많아지고, 심하면 어깨에도 떨어진다. 혈액 순환이 잘 안 되고, 신경 자극이 없으며, 감정적 또는 정서적으로 불안해 지기 쉽다. 지방성 비듬은 두피에 왁스 같은 찌꺼기가 생긴다. 지방샘에서 분비된 지방과 두피의 표피가 함께 뭉쳐져 왁스처럼 된다. 가려움증이 있다. 두피를 손톱으로 긁으면, 진득한 비듬이 손톱에 끼고, 심하면 피도 흐른다. 지방성 비듬은 의사의 진찰과 처방, 그리고 지속적인 관리를 해야 한다.

(1) 건조한 비듬의 경우

① 두피가 몹시 가렵다.
② 관리를 자주 해야 한다.
③ 샴푸는 pH가 약한 것을 사용한다.
④ 두피 소독제를 사용한다.

⑤ 심할 때는 의사의 진찰 처방을 받는다.

(2) 지방성 비듬

① 헤어 브러싱을 5분 정도 한다.
② 두피를 마사지를 한다.
③ 약제나 컨디셔너 제품을 바른다.
④ 적외선 전등을 5분 정도 쐰다.
⑤ 고주파를 5분 정도씩 2회 사용한다.
⑥ 적당한 영양제를 바른다.
⑦ 소독제 샴푸로 모발을 감고, 수건으로 말린다.

3. 백발과 탈모

사람은 나이가 들면, 백발이 되거나, 탈모를 나타낸다. 그러나 오늘날에는 주거, 생활, 음식, 문화 등의 변화로, 젊은 층에서도 백발과 탈모 현상이 나타나고 있다.

1) 백발(白髮)

백발은, 멜라닌이 만드는 색소 세포의 작용이 쇠퇴하거나 없어졌기 때문이다. 백발은 유전성으로, 그 진행 과정이 느리거나 빠른 형태를 보인다.

후천성 백발은, 노화 현상, 정신적 긴장, 비타민 A 및 철분 등의 영양분 결핍 등이 주요 원인이다. 백발 방지에는 충분한 영양 보충과 안정이 필요하다.

2) 탈모(脫毛)

탈모는 대머리이다. 생리적으로 인한 자연탈모와, 병적으로 인한 이상탈모의 증세로 구분된다.

자연탈모는 고령으로 인해 모발의 퇴화기 또는 휴지기에 접어들어 모발이 빠지는 자연 현상을 말한다. 쉽게 말해서, 나이가 들면 머리카락이 빠지는 것이다.

이상탈모는 질병, 스트레스 등의 요인으로 모발이 빠지는 현상을 말한다. 탈모는 남녀 모두에게 유전된다. 다만, 남성에게는 우성으로 작용되기 때문에 남자에게 대머리가 많다.

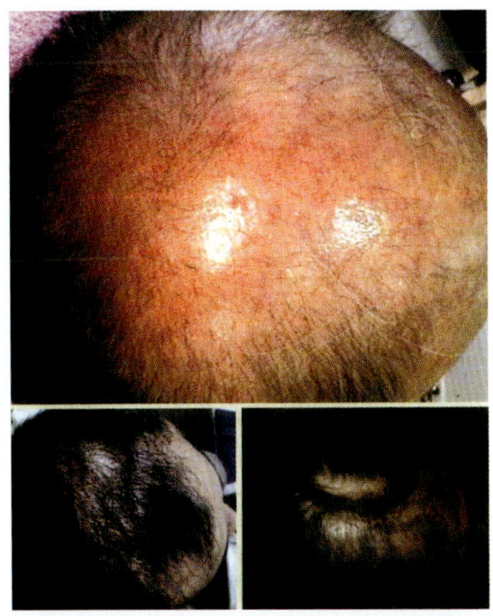

3) 탈모증(脫毛症 : Alopecia)

대머리가 되는 증상인 탈모증은 봄과 가을에 많이 발생한다.

머리카락은 그 수명이 4~6년인데, 수명이 다하면 모근에서부터 다시 나와 자란다. 그러나 탈모증의 모발은 재생되지 않는다는 것이 특징이다. 오늘날에는 특수 관리에 의해 탈모를 재생시키기도 한다.

탈모 현상은 나이에 따라 달라진다는 것이 일반론이다. 탈모증에는, 나이에 따른 구별과 원인 증세에 따른 구별이 있다. 나이에 따른 구별로는, 혈기 왕성한 30대 전후의 장년, 40~50대의 중년, 60대 이상의 황혼기 노년층으로 분리한다. 원인 증세에 따른 탈모증은, 비듬에 의한 비당성 탈모, 특별한 자각 증세가 없는 데도 타원형, 또는 원형으로 빠지는 탈모증, 모발을 지나치게 잡아 당겨 빠지는 당김 탈모증, 약물 중독 · 내분비 질환 · 기타 전신성 질환 등으로 인한 증후성 탈모증, 혈액순환 장애 · 스트레스 · 다이어트 · 고령, 환경적 요인으로 인한 탈모

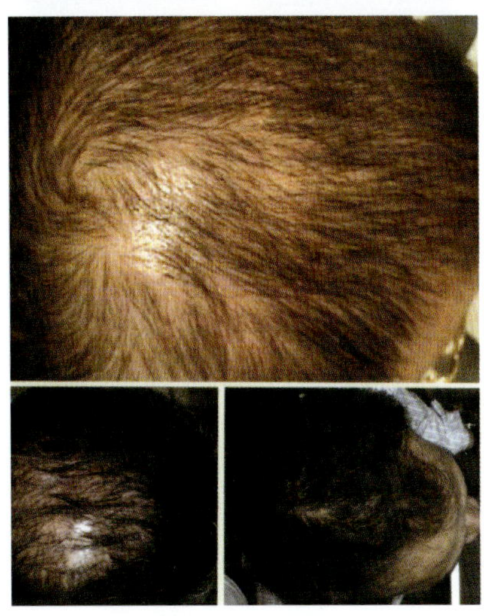

증세 등 여러 갈래이다. 일반적으로 대머리를 분류한다면,

(1) 앨로페시아 시나일 : alopecia senile

① 나이를 먹어가면서 발생하는 탈모증이다.
② 모발이 자연스럽게 빠지면서 대머리가 된다.
③ 결코 재생되지 않는다.
④ 모발의 노화 현상으로 생긴 대머리.

(2) 앨로페시어 프리마추어 : alopecia premature

① 중년이 되기 전의 장년층 대머리.
② 유전적인 대머리.
③ 신경을 많이 쓰는 사람의 대머리.
④ 오랜 질병으로 몸이 허약한 사람의 대머리.

(3) 앨로페시어 아리타 : alopecia areata

① 부분적으로 탈모가 된 대머리.
② 질병을 앓고 난 뒤 생긴 대머리.
③ 영양실조로 생긴 대머리.
④ 신경 둔화 · 혈액순환이 나빠 생긴 대머리.

Chapter 17 피부 과학

1. 피부의 구조와 기능

1) 피부의 개념

피부는 우리 몸의 외형을 감싸고 있는 외피 조직이다.

일반적으로 말할 때 살갗이라고 한다.

우리 몸의 피부는 체중의 약 16%를 차지하고 있다.

우리들은 흔히 이런 말을 한다.

"피부가 좋다."

"피부가 부드럽고 깨끗하다."

피부를 확대경으로 들여다보면, 아주 가느다란 주름으로 되어 있다는 것을 알게 된다. 가는 주름들이 울퉁불퉁한 요철(凹凸) 상태를 형성하고 있다. 주름이 파진 곳(凹)을 피부소구라고 하고, 나온 곳(凸)을 피부 소릉이라고 한다. 피부 소릉의 선은, 인종 · 개인 · 부위 등에 따라, 각기 크기와 높이가 다르다. 이것이 가장 규

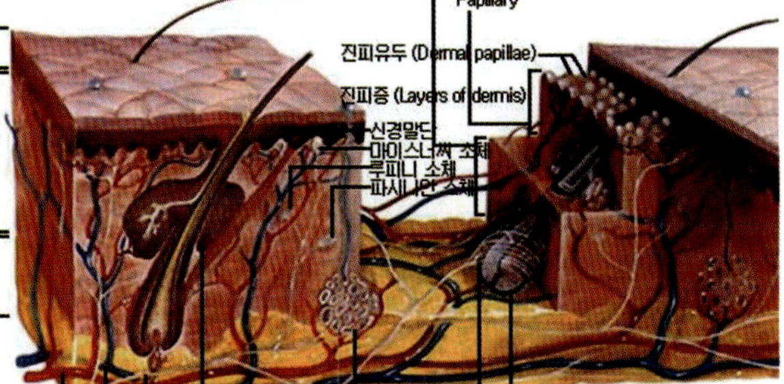

칙적으로 형성되어 있는 곳은, 바로 손가락과 발가락이다.

2) 피부의 구조

표피(表皮) · 진피(眞皮) · 피하(皮下) 조직의 3부분으로 구성된 피부는, 매우 복잡한 생리 기능을 가지고 있다. 표피는 피부의 가장 바깥쪽에 있는 살갗이다.

두 개의 계열로 되어 있는데, 하나는 케라틴(keratin)을 만드는 세포 계열로 마르피기 세포라 하고, 다른 하나는 피부 색소인 멜라닌(melanin)을 만드는 세포 계열로 색소 세포라고 한다.

3) 피부의 기능

피부의 기능은, 방어와 보호 · 체온 조절 · 감각 · 분비 · 흡수 등의 다양한 기능을 가지고 이에 따른 작용을 한다.

(1) 방어 · 보호 작용

① 외부로부터의 끊임없는 자극을 막고 인체를 보호한다.
② 물리적 자극, 자외선으로부터 피부를 보호한다.
③ 기계적 자극, 충격에 쿠션 작용을 한다.
④ 화학적 자극, 땀과 유분으로 산성을 띠고, 알칼리를 중화한다.
⑤ 세균으로부터 우리 몸을 지킨다.

(2) 체온 조절 작용

① 체온을 항상 37.5℃로 유지한다.
② 더울 때는 땀을 증발하여 체온을 조절한다.
③ 추울 때는 혈관을 수축시켜 체온을 유지한다.

(3) 감각 작용

① 피부는 외부 조건에 반사한다.

② 표피로부터 열의 감각을 느낀다.
③ 뜨겁고, 차가움과 아픔을 느낀다.

(4) 분비 작용

① 피지와 땀을 분비하여 매끄럽게 한다.
② 피지와 땀으로 피부를 부드럽게 유지한다.
③ 땀을 통해 노폐물을 분비한다.

(5) 흡수 작용

① 외부로부터 수분을 흡수한다.
② 크림을 통해 피부를 부드럽게 한다.
③ 피부를 항상 건강하고 윤기 있게 유지한다.

2. 피부와 자외선

우리는 무더운 여름철이 되면 해수욕을 즐긴다.

산을 찾아 등산을 하기도 한다. 이 때 문제가 되는 것은 태양 광선에 의해 피부가 그을리는 것이다. 태양광선 중에는 자외선이 있다. 자외선은 2800~4000A로, 가시광선이나 적외선보다는 파장이 긴 복사선이다.

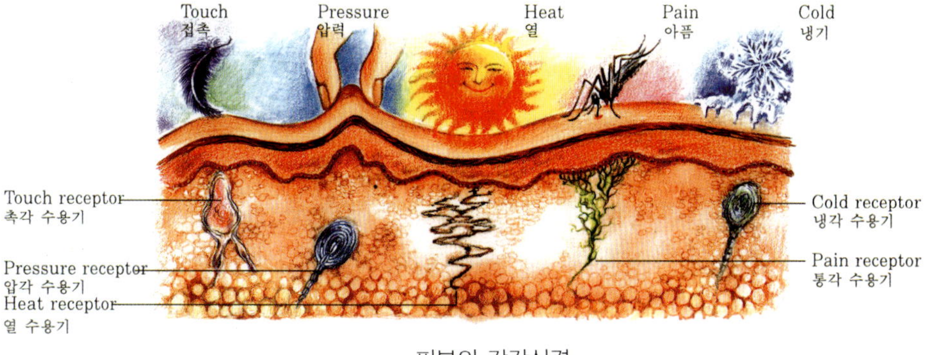

피부의 감각신경

1) 자외선의 득과 실

피부에 자외선을 적당히 쬐는 것은, 진피층의 혈액 순환을 촉진시키고, 프로 비타민을 비타민 D로 전환시켜, 피부 건강과 미용에 매우 좋다.

자외선 가운데 파장이 3200A보다 짧은 자외선은, 빈혈 · 구루병 · 피부병 등을 치료하는 데 유리하다. 그러나 이보다 긴 파장의 자외선은, 색깔이 없는 프로 멜라닌을 갈색 멜라닌으로 전환시켜 피부를 그을리는 것이다. 파장이 긴 자외선을 오래 쬐면, 피부가 그을리는 것은 물론이고, 피부가 거칠어지면서 주름이 생기고, 노화 현상이 빨라진다. 물집이나 염증도 생기고, 심하면 피부암을 일으키기도 한다. 그러므로 자외선을 오래 쬐면 피부에 나쁘다. 자외선으로부터 피부를 보호하기 위해, 자외선을 차단하는 크림들이 나와 있다.

2) 환경과 피부

우리의 피부는, 환경과 계절, 일기 등의 영향을 받는다. 환경과 계절에 따른 피부 관리는 특별히 유념해야 한다.

(1) 여름철 피부 관리 요령

① 일반적으로 볼 때, 무더운 여름철에는 땀을 많이 흘린다.
② 강한 햇빛으로 인해 피부가 붉게 타거나, 심하면 검어지기도 한다.
③ 이럴 때에는 피부에 수분이 부족하여 거칠어지기 쉽고, 주름이 생기면서 피부가 고생을 하게 된다.
④ 여름철에는 땀샘의 활동이 활발해져서 피부가 더러워지기 쉽다.
⑤ 따라서 피부가 청결하지 못하고 더러워진다.
⑥ 이런 상태를 그냥 둔다면, 피부 트러블이 생기게 된다.

때문에 여름철에는 자외선으로부터 피부를 보호하기 위해 자외선 차단 크림을 바르고, 영양 크림을 발라, 피부에 영양과 수분을 공급하여 피부의 노화를 방지해야 한다.

(2) 겨울철 피부 관리 요령

① 겨울철 환경은 피부에게 매우 불리하다.
② 날씨가 춥고, 기온이 영하로 떨어지고, 찬바람이 윙윙 불어오기 때문이다.
③ 이런 환경으로 인해 피부의 온도도 내려가게 되고, 땀샘이나 기름샘의 작용이 약해진다.
④ 건조한 공기의 영향으로 피부에 들어 있는 수분을 빼앗기고, 살갗이 거칠어 지면서 바로 건조해 진다.
⑤ 이와 함께 혈액순환과, 피부의 신진 대사가 저하된다.
⑥ 이로 인해, 피부는 균형을 잃기 쉽다.

겨울철에는 피부 마사지나 목욕 등으로 혈액순환과 신진 대사를 도와야 한다. 수분과 유분을 공급하기 위해, 크림, 로션 등의 양을 늘리는 것이 필요하다. 피부의 저항력을 높여주는 단백질 · 지방 · 비타민 C 등도 많이 섭취하는 것이 좋다.

3) 사회 환경적 영향

사회가 발달하고, 자연 환경이 바뀌면서 피부는 계절적인 영향을 받는다. 그뿐만 아니라 다양한 직업 환경, 공기 스모크 등으로도 많은 영향을 받는다.

미용사나 피부 관리사들은, 화장품 · 소독약 · 염색제 · 모발 제품 등으로, 직업성 피부 질환에 시달리는 경우가 많아지고 있다.

여름철 지나친 냉방과 겨울철 난방으로 인한 자연 온도와의 격차가 심한 것도, 피부 질환의 요인으로 등장하고 있다. 이런 현상은 사회적, 계절적, 환경적으로 생기는 피부 질환이다.

4) 피부장애

피부의 장애나 질환에는 여러 가지 발생 요인이 있다.

대체적으로 일어나는 피부장애는 아래와 같다.

① 피부 표면에 둥글게 나타나는 반점.
② 피부 반점보다 큰 갈색의 반점.
③ 피부 표면에 올라오는 뾰루지.
④ 모기나 해충에 물려 일어나는 부스럼.
⑤ 구진과 종기의 중간 형태인 작은 혹.
⑥ 크고 깊은 혹 덩어리의 종기.
⑦ 피부 물집인 액포, 소당.
⑧ 화상으로 생기는 피부 물집.
⑨ 울퉁불퉁하게 솟아 오른 작은 융기, 농포.
⑩ 감염 등으로 발생하는 상처.

5) 피부의 흉터

피부에 상처를 입거나 질병으로 인해 흉터가 남을 수 있다. 이때 생기는 흉터는, 진피가 손상되어 생기는 현상이다. 피부가 터지거나 갈라지는 것은 피부 조직 일부가 깨져서 선이 생기기 때문이다. 손가락 끝이나 발뒤꿈치에 잘 생긴다. 피부 비늘은 표피의 각질층에 있는 세포들이 죽어서 비늘로 벗겨지는 것이다.

6) 피부의 색소

인종과 사람에 따라 피부 색깔이 다르고 다양하다. 이러한 이유는 피부의 색소가 다르기 때문이다. 피부색에 관계가 있는 색소로는 멜라닌 · 멜라노이드 · 카로틴 · 산화 헤모글로빈 · 환원 헤모글로빈 등 여러 가지가 있다. 이들 각각의 색소 양과 분포 상태가 색을 좌우하는 주요한 요소가 된다. 여기에다 표피층의 두께, 광학적 성질도 피부 색깔에 영향을 미친다.

7) 피부의 형태

피부 관리를 제대로 올바르게 하기 위해서는, 먼저 피부의 형태부터 이해하는 것이 필요하다. 피부를 생태에 따른 특성으로 볼 때, 중성 피부 · 지성 피부 · 건성 피부 · 민감성 피부 · 복합성 피부 등으로 구분하고 있다.

피부의 상태는 각 개인의 나이 · 성격 · 환경 · 식생활 · 스트레스 · 계절 등에 따라 변할 수 있다. 이런 것들을 바탕으로 피부 관리를 해야 한다.

(1) 중성 피부

중성 피부는 화장을 잘 받는 건강한 피부로, 수분과 유분의 분비가 알맞게 이루어지는 피부를 말한다. 이런 피부는 상태가 매우 매끄럽고 윤기가 흐른다. 모공이 단단하고 입자가 작아, 탄력성이 있다. 그러나 여름에는 약한 지성 피부가 되기 쉽고, 겨울에는 약한 건성 피부가 되기 쉽다.

중성 피부를 유지하려면,

① 매일 규칙적으로 손질을 한다.

② 적절한 수분 공급을 하며, 잠을 충분히 잔다.

③ 올바른 식생활을 한다.

④ 스트레스가 쌓이지 않도록 해야 한다.

(2) 건성 피부

건성 피부는 화장이 잘 받지 않고 세수한 뒤 피부가 당겨지기는 피부이다. 피지의 분비 양이나 수분이 적기 때문이다. 따라서 피부가 메마르고 윤기가 없다. 탄력성이 없고, 잔주름이 생기기 쉽다. 건조한 상태가 계속되면, 버짐이 생길 수도 있다.

건성 피부가 되는 이유로는, 과다한 자외선 노출 · 피지 분비의 감소 · 계절적 변화 및 생활환경이나, 작업 환경이 건조한 경우, 비누나 세제의 오용이나 남용 등을 꼽을 수 있다.

건성 피부의 관리로는,

① 항상 적절한 수분과 유분을 유지해 준다.
② 적당한 화장품을 사용한다.
③ 혈액 순환과 신진 대사를 원활하게 하는 마사지를 해 준다.
④ 야채 · 간 · 버터 · 달걀 · 과일 등으로 영양을 공급한다.
⑤ 강한 알칼리성 비누나 자극적인 세수는 피한다.

(3) 지성 피부

지성 피부는 화장을 해도 오래 지속되지 않는 거친 피부를 말한다. 피부가 번들거리고 쉽게 더러워지는 피부이다. 기름샘과 땀샘의 활동이 활발하기 때문이다. 모공이 크고 피부에 지나칠 정도로 유분이 많은 피부이다. 세균의 침투가 용이하고, 여드름 등이 생기기 쉽다.

지성 피부의 관리로는,

① 피부의 결이 거칠기 때문에, 자주 청결하게 한다.
② 모공이 막히지 않게 하고 모공 속에 있는 피지를 자주 녹여 준다.
③ 수렴 효과가 높은 화장수를 사용해, 거칠어진 피부를 다듬는다.
④ 기름지고 당분이 많은 음식은 피하고, 해조류를 섭취한다.
⑤ 피부의 저항력을 높여 준다.

(4) 민감성 피부

민감성 피부는 피부가 매우 예민하고 민감한 피부를 말한다.

대개 유전성이나 환경 · 심리적 요인 등에 따라 예민해 지는 경우가 있다. 겨울철 추울 때, 밖에 있다가 따뜻한 실내로 들어가면, 얼굴이 빨갛게 달아오르는 피부이다. 화장품에 의한 알레르기 반응도 가끔 일어난다.

민감성 피부 관리로는,

① 직사광선 등의 자극을 받지 않도록 한다.

② 피부에 강한 자극을 주지 않는다.

③ 영양분이 많은 화장품으로 저항력을 높여 준다.

④ 마사지 등 피부 기초 손질을 오래 하지 않는다.

⑤ 심할 경우, 의사의 진찰 처방을 받는다.

(5) 복합성 피부

복합성 피부는, 피지의 불균형으로 생기는 피부를 말한다.

턱이나 코 주위에는 지성으로 여드름이 생기기 쉽고, 볼이나 이마에는 건성으로 민감성 피부가 되기 쉽다. 환경이나 화장품의 오용과 남용으로, 피부가 복합성으로 변하는 경우가 있다.

복합성 피부 관리로는,

① 피지 분비를 고르게 해 준다.

② 얼굴을 씻을 때 깨끗하게 한다.

③ 턱 · 코 · 볼 · 이마 등의 부분적 손질을 충분히 해 준다.

④ 화장품을 오용 또는 남용하지 않는다.

3. 피부 마사지

마사지(massage)는, 피부를 고르게 문질러서 곱고 건강한 피부로 가꿔주는 미용 기술의 일종이다.

사람들은 누구나 깨끗하고 부드럽

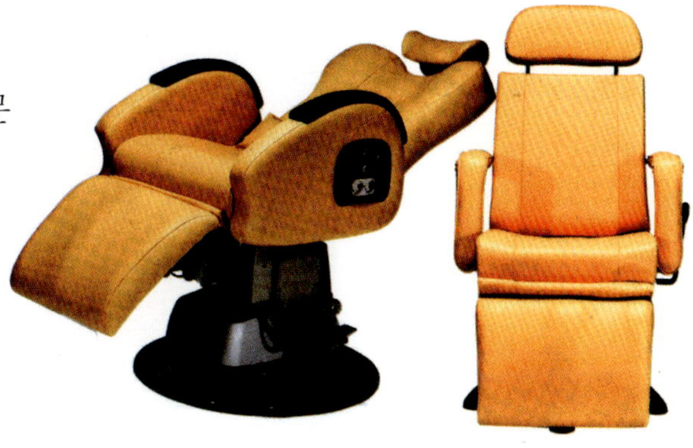

고 탄력적이며, 건강한 피부를 원한다. 그렇다고 해서, 누구에게나 그런 피부가 주어지는 것은 아니다.

피부를 어떻게 관리하느냐에 따라서 좋은 피부, 윤기 있는 피부, 탄력이 넘치는 피부를 지닐 수 있을 것이다. 이러한 방법은 마사지라는 미용 기술로 가능하다고 본다. 마사지는 피부 관리의 기본 요소이다

마사지 미용 기술은, 마사지의 손을 통한 기술과, 마사지 크림 또는 오일 등으로 피지 분비를 고르게 조정하거나, 혈액 · 림프의 순환을 활발하게 해주는 기술이다. 이렇게 하는 과정에서 혈액 중의 산소나 영양분의 공급, 노폐물의 제거 등이 이루어지고, 피부의 물질 대사를 촉진시켜 준다. 다만, 주의할 일은 피부에 질병이나 이상이 있을 때에는, 피부 마사지를 하지 않는다.

피부 마사지의 동작으로는,

① 경찰법 : 가볍게 쓰다듬는 동작이다.
② 강찰법 : 마찰을 주듯 마사지를 한다.
③ 유연법 : 주무르듯이 마사지를 한다.
④ 고타법 : 가볍게 두드리는 동작이다.
⑤ 진동법 : 흔들어 대듯 마사지를 한다.

Chapter 18 화장기술(化粧技術)

1. 화장의 개념

화장은 화장품을 이용하여 얼굴을 아름답게 꾸미는 미용 기술의 하나이다.

흔히 메이크업(make up)이라고 말한다. 그러나 엄밀한 의미에서의 메이크업은 배우가 영화나 TV에 출연하기 위해 화장하고, 분장하는 것을 통틀어 일컫는 말이다. 따라서 단순히 얼굴을 아름답게 가꾸는 화장은 좁은 의미의 메이크업이라고 할 수 있다. 화장 기술은 얼굴 및 기타의 피부에 화장품을 발라서 색채 미를 표현하고, 피부의 결점을 적당히 커버하면서 개성미를 살려낸다는 것이 근본이다.

1) 화장의 기원

화장은 언제부터 시작했을까?

미용 분야에서의 미용과 화장은 닭과 달걀의 관계와 같다고 할 수 있다. 인류 탄생 이래로부터 화장은 계속되어 왔기 때문에 미용이 먼저냐? 화장이 먼저냐? 하

는 역사적 기원을 따지는 것은 의미가 없다.

화장은, 어떤 형태로든 간에, 사람의 얼굴을 포함해 신체의 부분에 손을 대는 미용 기법이라는 데는 이의가 없다.

그런 의미에서 화장을 하지 않은 시대, 메이크업을 하지 않은 인류 사회는 유사 이래 한 번도 존재하지 않았으며, 또 존재할 수도 없다는 것이다.

따라서 화장은 미용과 함께 인류 역사가 시작된 때부터 전개되었다고 보는 것이 정설이다.

2) 기초 화장

현대 기초 화장의 목적은, 얼굴의 아름다움을 가꾸기 위한 기법에서 한 차원 업그레이드하여 깨끗한 피부, 청결한 피부, 단정한 몸가짐, 교양 있는 여성, 품위 있는 여성의 외모로 가꾸기 위한 것이다.

따라서 화장은 현대 여성들에게 생활의 일부이자, 에티켓의 표상으로 이루어지고 있는 전문 미용 분야가 되었다. 화장의 기술에서 기초 화장은, 색채 화장을 하기 위한 전 단계라고 보면 된다.

기초 화장을 하는 이유는, 건강한 피부로 유지하기 위한 것이다.

피부를 건강하게, 매끄럽게, 부드럽게, 청결하게 해주고, 혈액순환을 도와주어, 신진대사를 원활하게 해주기 위해서 기초 화장을 한다.

원형 · 장방형 · 사각형 · 삼각형 · 역삼각형 · 마름모꼴 등 사람의 얼굴 형태에 따라 화장하는 방법도 달라진다.

3) 전문 화장

현대 화장에서는 기초 화장 이외에, 전문성을 띄는 화장 기술로 다변화되고 있다는 것이 특징이다. 남의 앞에서 좀 더 예쁜 인상을 보여 주고 싶은 것이 인간의 본성이라고 할 수 있다.

화장은 개인의 직업, 교양 수준, 생각하는 방법, 사회적 위치와 역할 등에 따라서 다르다.

TV · 영화 · 연극 · 무용 · 오페라 · 파티 · 회의 · 예식 · 광고 등 나서는 장소나 무대에 따라 일반적인 기초 화장의 개념을 초월하여, 패션과 분장까지 다양한 테크닉으로 변화하고 있는 것이 오늘의 현실이다.

4) 일반 화장

일반 화장은, 일상적인 생활 범주 안에서 개성미를 살리고 자연스럽게 보이기 위한 화장 기법이다.

태양 광선으로부터 피부에 영향을 받는 자외선, 계절적 일기 변화로부터 피부가 겪어야 하는 자극, 피부의 보호 작용을 위한 방편으로 화장을 하고 있다. 특수한 목적을 가진 전문 화장에 비해 농도가 옅고, 화려하지 않으며, 순수함을 나타내는 방향으로, 가볍게 이루어지고 있는 것이 기본이다.

5) 밑 화장

밑 화장품으로는 언더 메이크업 크림 · 파운데이션 · 베이스 컬러 · 섀도 컬러 · 볼연지 · 하이라이트 컬러 · 파우더 등의 화장품으로 분리한다.

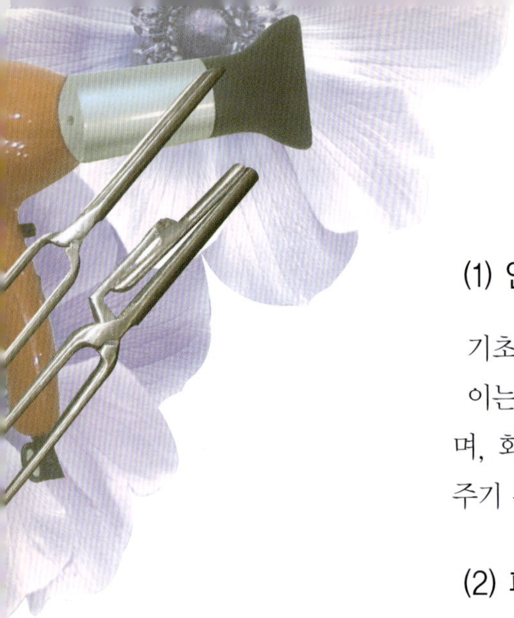

(1) 언더 메이크업 크림(under make up cream)

기초 화장을 끝내고 바르는 크림이다.

이는 파운데이션이 고르게 잘 퍼지고 피부를 매끄럽게 해 주며, 화장을 오래 지속시켜 주기 때문이다. 혈색을 아름답게 해 주기 위해 핑크 색 등 색상을 첨가한 제품까지 나와 있다.

(2) 파운데이션(foundation)

베이스 컬러(base color)라고도 한다.

메이크업의 밑바탕으로써 사용되는 화장품을 말한다.

화장품의 성분과 색조가 피부와 잘 조화되고, 오래 지속될 수 있도록 밑바탕을 다듬어 주는 것이, 파운데이션의 역할이다.

파운데이션은 지방분과 수분이 그 주요 성분이다. 피부의 색과 피부 결을 정돈하여 자연스럽게 해주고, 얼굴의 형태를 적절하고도 아름답게 표현해 준다. 바람으로부터 날아오는 먼지와 기후로부터 피부를 보호하고, 피부의 흠집을 커버해 주기도 한다. 파운데이션은 지방 · 수분 · 색조의 양과 질, 제조 회사의 공정 등에 따라 그 종류가 다양하다. 따라서 파운데이션을 선택할 때에는, 피부의 성격 · 피부 결 · 계절 등을 고려하여야 한다.

(3) 베이스 컬러(base color)

피부 결을 곱게 표현하고 피부의 색을 돋보이게 하는 화장품이다. 얼굴 전체에 골고루 펴서 바른다.

(4) 섀도 컬러(shadow color)

넓은 얼굴을 좁아 보이고 튀어나온 부분은 들어가 보이게 하고자 사용한다. 피부색과 비슷한 색상을 고른다.

(5) 볼연지(cheek rouge)

두 볼에 혈색을 주어 건강하고 자연스럽게 하고자 사용한다.
다만, 파우더를 쓰기 전에 먼저 사용하는 것이 좋다.

(6) 하이라이트 컬러(highlight color)

일정 부위가 좀 더 넓게 보이고 싶을 때 사용한다.
베이스 컬러보다 밝은 색상을 선택하는 것이 좋다.

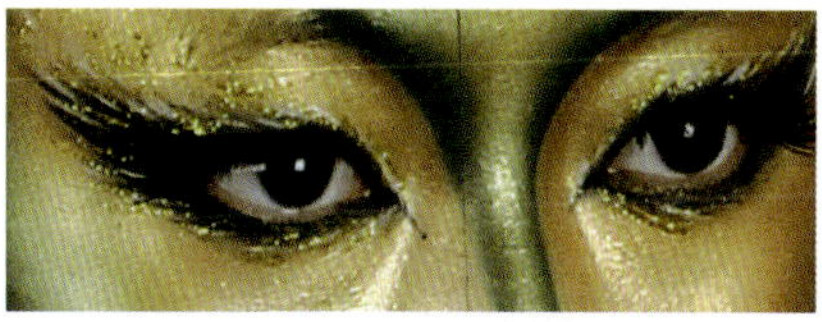

(7) 파우더(powder)

끝맺음을 하는 분(粉)이다.
화장이 땀이나 피지로 인해 번지는 것을 막아준다.
파운데이션이 지나치게 번들거림을 경감시키고 색조를 유지해 준다. 여름철 파우더 타입의 파운데이션을 쓸 때는 사용하지 않는다.

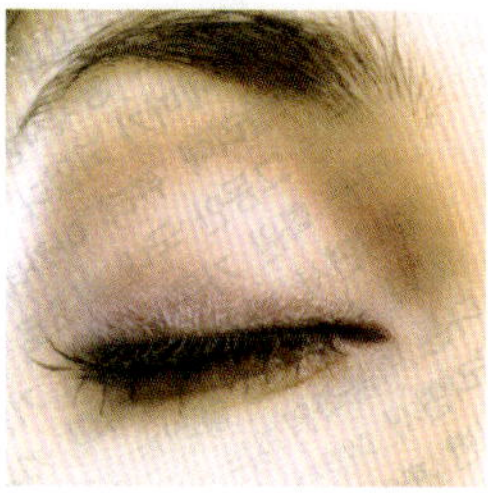

6) 눈 화장

사람의 얼굴에서 가장 먼저 시선을 끌게 하는 것은 눈이다.
눈은 그 사람의 마음의 창이다. 그처럼 인상적인 눈을 화장하는 일은, 눈의 표정을 더욱 분명하게 살려주기 위해서 한다.
얼굴 가운데서도 눈은 코 · 입술 등 다른 부분과 달라서 개인의 인상을 가장 강하게 전달해 준다. 이런 이유는 얼굴의 특징을 보다 강하게 표현할 때 사용한다.

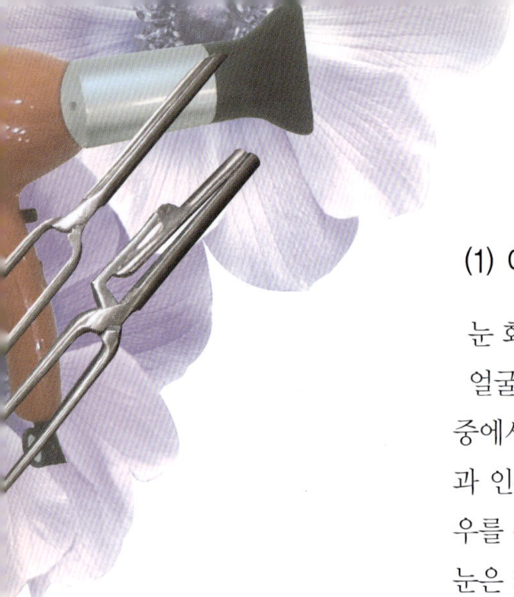

(1) 아이섀도(eye shadow)

눈 화장 기술을 말한다.

얼굴 전체의 윤곽을 분명하게 해주도록 화장한다. 사람의 용모 중에서 눈처럼 큰 비중을 차지하는 곳도 없다. 눈은 사람의 감정과 인상을 전달하는 수단이 된다. 눈 부위에 하이라이트와 섀도우를 주어 명암이 뚜렷하게 하면서 눈의 표정을 살려준다. 작은 눈은 커 보이게 하고, 큰 눈은 부드럽게 보이도록 해 준다.

(2) 마스카라(mascara)

입체감을 살려주는 눈썹 화장이다.

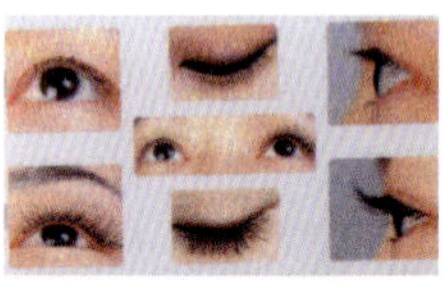

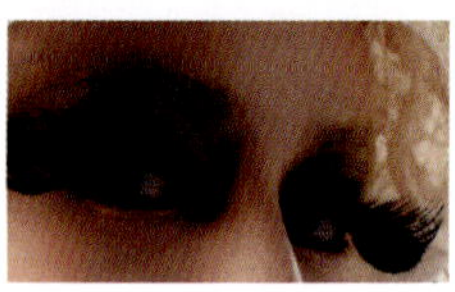

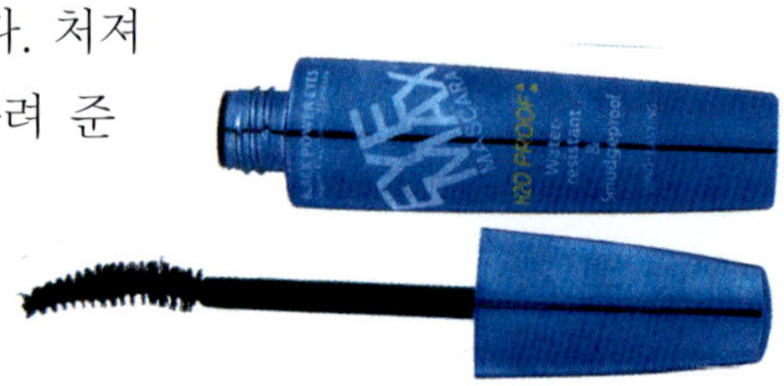

속눈썹은 길고 부드럽게 보여서 생기가 넘쳐 보이도록 한다. 처져 있는 속눈썹은 치켜 올려 준다. 마스카라를 지나치게 많이 바르면 컬이 형성되지 않으므로 주의해야 한다. 오늘날에는 인조(人造) 속눈썹을 쓴다.

(3) 아이 라이너(eye liners)

눈의 바깥 선을 그려주는 화장 기법이다.

바깥 선은 눈의 형태를 확실하게 해주는 효과가 크다. 아이 라이너 사용은, 눈을 생기 넘치게 보이도록 하고 활동적으로 보이게 해준다.

(4) 눈썹 화장

화장의 기술 가운데 눈썹 화장처럼 변화가 다양하게 변한 것은 없을 정도로 놀라운 발전을 거듭했다.

세월 따라 유행이 달라지고 화장 기법도 변하는 것이 눈썹 화장이다. 사람의 얼굴에서만 볼 때, 눈썹은 눈·코·입 등에 비해서 생리적인 역할은 거의 없고 미관상 포인트만 강하다. 그렇기 때문에 눈과 함께 얼굴에서 차지하는 미적 가치가 매우 크다.

눈썹의 모양은 자연스러우면서도 부드러운 인상을 유지해야 한다. 일반적으로 눈썹은 눈썹머리·눈썹산·눈썹꼬리의 3부분으로 불린다. 눈썹의 모양으로 보아 표준 눈썹·직선 눈썹·사선 눈썹·곡선 눈썹·쳐진 눈썹 등으로 나눈다.

7) 입술 화장

입술 화장은 립스틱(lip stick)이라고 말한다.

입술에 윤기와 색상을 주는 화장 기술이다. 입은 교양과 이미지를 전달하는 주요한 부분이다. 일반적으로 볼 때 입술은 여성미(女性美)를 나타내는 키포인트와 같다. 사람에 따라 차이는 있어도 대개 윗입술이 아랫 입술에 비해 조금 크다. 입술 화장을 할 때는 본래의 입술에서 크게 변형하지 않고, 자연스럽게 하는 것이 이상적이다. 입술을 화장하고 선을 그리는 형태나 색상의 농도에 따라, 지성(知性)·품위(品位)·인격(人格)·교양(敎養) 등을 느끼게 해 준다.

큰 입술은 활동적이고 강한 인상을 갖게 해주고, 작은 입술은 다정하고 부드러운 인상을 풍겨준다.

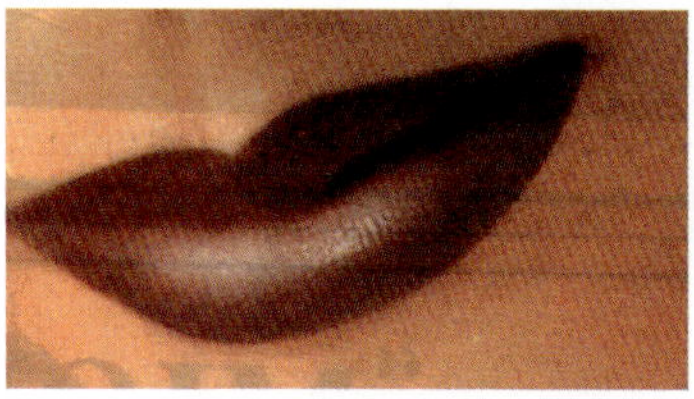

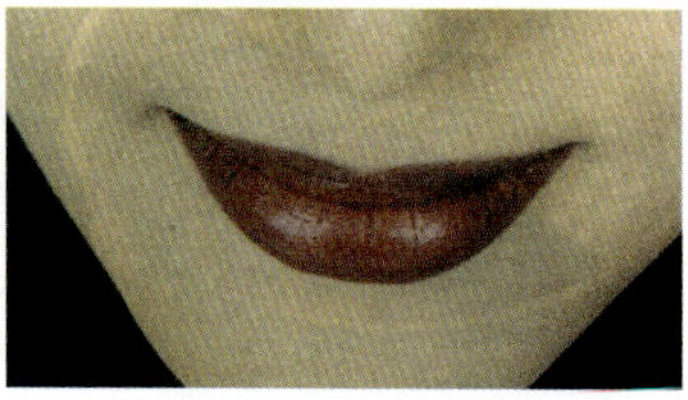

붉은 계통의 짙은 입술 화장은 매혹적이고 열정적인 이미지를 풍겨준다. 핑크 계통의 립스틱은 화사하고 부드러운 인상을 준다. 오렌지 계통의 립스틱은 활동적이며 흰 피부에 잘 어울린다. 갈색 계통의 립스틱은 차갑고 지적인 인상을 준다. 현대적 이미지와 세련미를 동시에 연출할 수 있다. 주홍 계열의 립스틱은 중년층 여성들에게 좋다. 차분하고 자연스러운 화장을 할 때 잘 어울린다. 립스틱은 색상의 형태를 통하여 입술의 형태를 잘 나타내야 한다. 입술 화장을 지울 때는 70% 알코올로 지운다.

Chapter 19

매니큐어 & 페디큐어

1. 매니큐어의 개념

매니큐어(manicure)는 손톱과 손 관리에 관한 미용 기술용어이고, 페디큐어(pedicure)는 발톱과 발 관리 기술을 말한다.

매니큐어(manicure)라는 말은 라틴어의 '손'이라는 '마누스 : manus'와, '보호'라는 '큐라 : cure'의 합성어이다.

손과 손톱의 중요성을 잘 간직하면서 보호한다는 의미에서 붙여진 말이라고 한다.

따라서 매니큐어라고 할 때는, 손톱 관리를 주로 하는 네일 아트(nail art)에 더 무게를 두고 있다.

손과 발의 손질을 아름답게 하기 전에 먼저 손톱·발톱의 형태·구조·성장 및 장애 요소들을 알아두는 것이 필수적이다.

손톱이나 발톱이 건강하지 못하고 이상이 있을 때는 네일 아트에 문제가 따를 수밖에 없다.

현재 미국·일본 등 외국에서는 네일 아트 콘테스트·전시회 등이 활발하다.

우리나라에서도 네일협회·네일학회 등이 따로 조직되어, 나름대로 다양한 활동을 전개해 나간다.

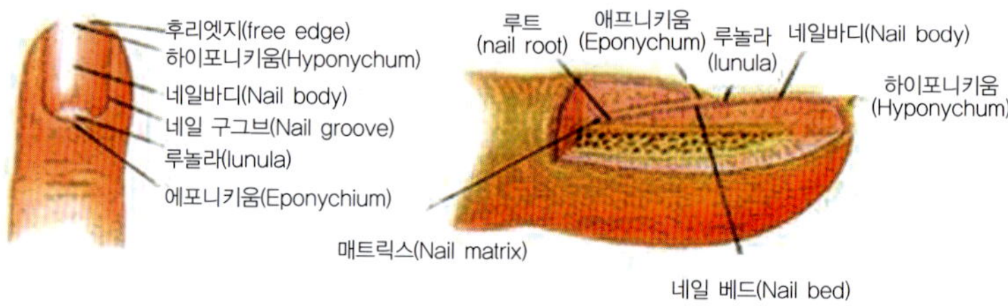

〈손톱의 단면〉

1) 손톱(nail plate)의 구조

손톱은 피부의 부속물이다.

손톱의 이러한 구조는 발톱에서도 마찬가지이다.

① 뿌리 : 둥근 반원 형태로 안쪽이 뿌리이다.

② 성곽 : 손톱과 살을 부착시키는 부분이다.

③ 반달 : 손톱의 가장 여린 부분, 반달 형태이다.

④ 바닥 : 손톱 밑에 비치고 있는 살이다.

⑤ 조구 : 손톱과 밑의 살이 붙어서 흠이 생긴 부분이다.

⑥ 기질 : 손톱을 만드는 조직 세포이다.

⑦ 몸체 : 밖으로 보이는 손톱 그 자체이다.

2) 손톱의 4 형태

손톱은 그 생김새에 따라 다음과 같은 4 가지 형태로 구분되고 있다.

① 타원형 : 이상적 형태의 손톱이다.

② 원형 : 손톱이 가늘고 둥근 형태이다.

③ 네모진 형 : 개성적이고 현대적 느낌을 주는 손톱이다.

④ 뾰족한 형 : 손톱의 끝이 뾰족한 손톱이다.

3) 손톱의 건강

손톱의 4형태는 네일 아트를 할 때, 기본 형태에 맞도록 손질해야 하는 기본이 된다.

원형은 타원형으로 보이도록 양쪽 옆을 조금 남겨 두고, 손톱이 가늘고 길게 보이도록 한다.

네모진 형은 역시 가늘고 길게 보이도록 양쪽 옆을 조금 남겨 놓고 손질한다. 뾰족한 형은 끝 부분이 너무 뾰족하게 보이지 않도록 해야 한다.문제는 손톱의 건강 상태가 어떤가 하는 점이 중요하다. 손톱이 건강하지 못 하거나 이상이 있을 때에는, 정상 상태가 되도록 손질을 해야 한다. 다음과 같은 경우는, 손톱이 건강하지 않은 것이다.

(1) 건강하지 못한 손톱

① 손톱 비후 : 물어뜯은 것처럼 고르지 못한 손톱. 정서적으로 불안할 때 이런 현상이 나타난다.

② 손톱 위축 : 네일 플랫이 손톱 바닥보다 작아 분리된 경우이다. 알칼리 비누를 피하고, 손톱에 자극을 주지 않는다.

③ 피부 훼손 : 손톱 주위의 피부가 갈라지거나, 벗겨져 훼손된 상태. 소독제를 빨리 발라 준다.

④ 백반증 : 손톱 위에 하얀 반점이 생긴 경우이다. 특별한 해결 방법은 없다. 손톱이 자라서 반점이 없어지거나, 네일 폴리시를 발라 보이지 않게 한다.

⑤ 조감종렬증 : 손톱이 얇아 깨지기 쉬운 상태이다. 전문 의사의 진찰을 받아, 치료를 하도록 권유한다.

⑥ 거조 : 손톱이 지나치게 두꺼운 상태이다. 성장에 이상이 생긴 경우로, 의사의 진찰과 치료를 받아야 한다.

⑦ 추축 근육 : 손톱에 수직선들이 생기는 경우이다. 임산부나 심장병 환자들에게 나타난다.

⑧ 청색 손톱 : 파란빛이 도는 손톱이다. 건강한 손톱은 분홍빛이다. 혈액 순환이 나쁘거나, 심장병 환자에게 나타난다.

2. 네일 아트(nail art)

1) 손톱 손질의 기본

네일의 매니큐어링은, 발톱의 페디큐어링과 함께 건강하고 아름답게 서비스하여 주는 작업이다. 이런 일을 하는 사람을 매니큐어리스트라고 하고,서비스하는 일을 매니큐어링이라고 한다.

매니큐어리스트는 손톱·발톱의 구조를 알고 있어야 하고, 고객의 손톱·발톱에 대한 건강 상태를 체크하고 판단할 수 있어야 하며, 매니큐어 제품의 올바른 사용 능력과 실력을 갖추어야 한다. 매니큐어에서 중요한 것은 고객의 손톱·발톱이 '정상'이고, '건강'한가를 판단하는 일이다. 정상 상태가 아니고, 건강하지 못하다면, 매니큐어를 서비스해서는 안 된다.

매니큐어 서비스는 네일 폴리시(nail polish)를 지우는 크린싱(cleansing)과 네일을 갈아주는 파일링(filing), 폴리시를 보호하기 위해, 베이스 코트를 바른 뒤 폴리시를 적용하는 것 등을 포함하는 손질을 통틀어 말한다.

주의할 점은 남성과 여성에 따라 매니큐어 서비스 시술이 다르다는 점이다.

2) 매니큐어링 탁자

전문적인 매니큐어를 할 때는 반드시 기본 수칙 몇 가지가 있다.

① 공중위생을 반드시 준수해야 한다.
② 매니큐어링 탁자와 용구를 갖추어야 한다.
③ 먼저 매니큐어 할 손을 청결하게 한다.
④ 기구·집기·용품 등을 순서에 따라 정리한다.

3) 매니큐어의 순서

① 손 소독
② 네일 폴리시 제거
③ 고객손톱의 질병상태 파악
④ 파일링/모양 만들기
⑤ 네일표면 정리/거스러미 제거
⑥ 핑거볼에 담그기
⑦ 물기 닦아내기
⑧ 나머지 한손 핑거볼에 담그기
⑨ 큐티클 오일 바르기
⑩ 큐티클 밀어올리기 및 큐티클 정리
⑪ 다른 한손 정리
⑫ 오일제거와 큐티클 소독
⑬ 마사지 및 로션제거
⑭ 베이스 코트 및 네일 폴리시 바르기
⑮ 탑코트 바르기

4) 오일 매니큐어

오일(oil) 매니큐어 서비스는, 건조해지기 쉬운 피부의 손톱 주위에 수분이 있는 로션이나 크림을 공급해 주는 것이다. 손톱과 손톱 주위가 지나치게 건조할 때에는, 오일을 공급하여 손톱은 물론 손톱 주위에 윤기가 흐르도록 해야 한다.

오일 매니큐어는 울퉁불퉁한 손톱, 거친 손톱, 손톱 주위의 건조해진 피부를 위해 하는 서비스이다. 그 밖의 서비스는 기본적인 매니큐어 서비스와 거의 같다.

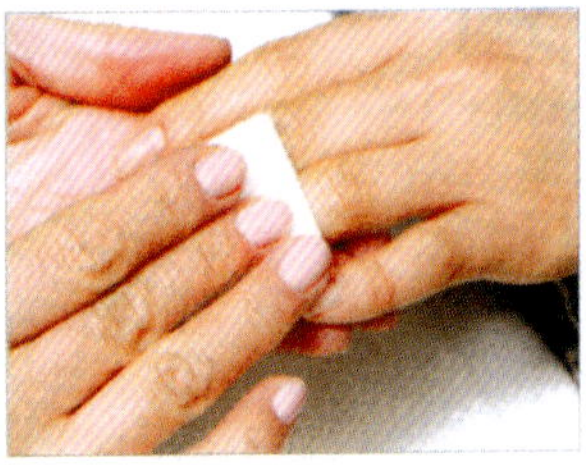

1. 시술자와 피시술자의 손을 소독한다.

2. 자연 손톱의 길이를 우드 화일로 정리한

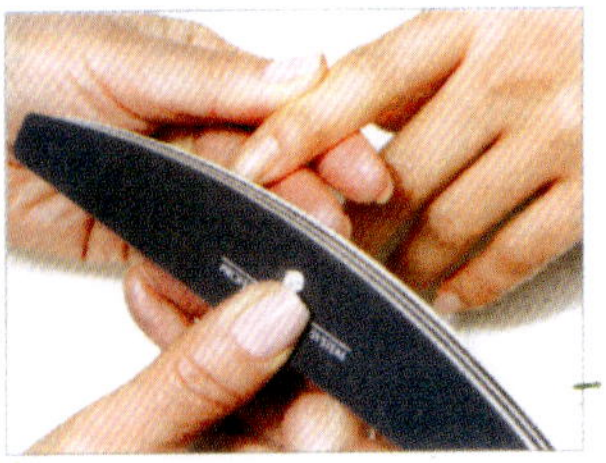

3. 샌딩으로 손톱 표면의 유분을 정리한다.

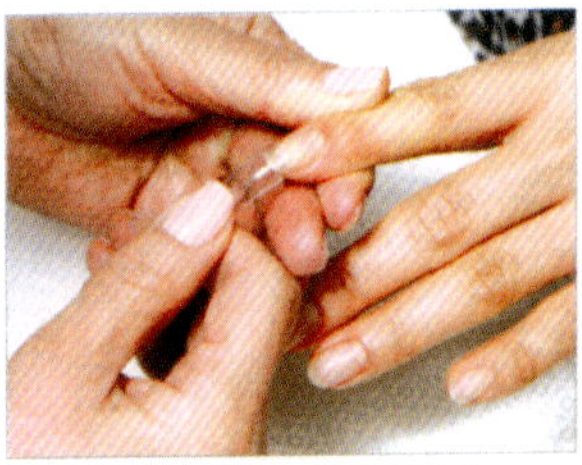

4. 손톱에 알맞게 클리어팁을 붙인다.

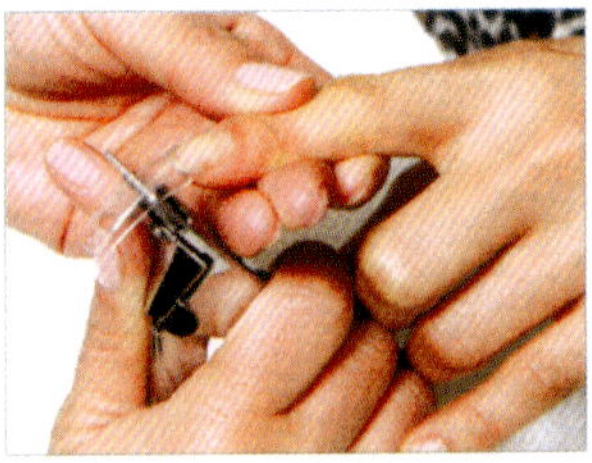

5. 팁커터로 팁의 길이를 알맞게 자른다.

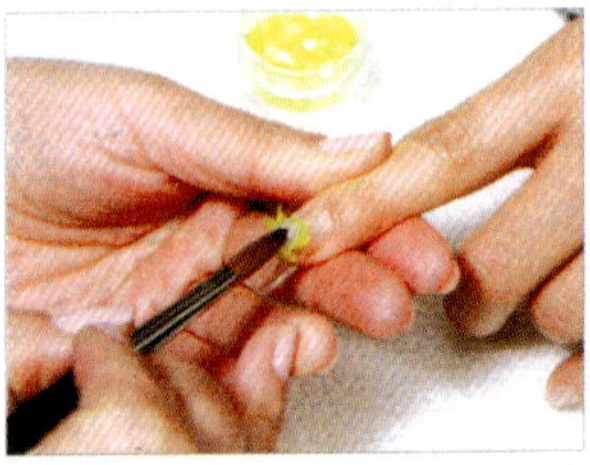

6. 브러시에 아크릭 파우더와 형광필름 자개를 팁 위에 올려 정리한다.

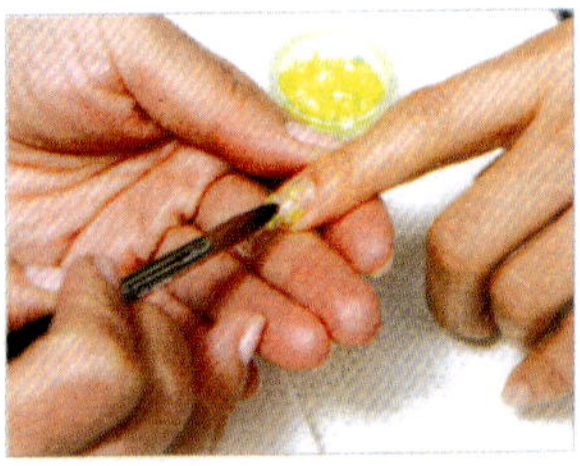

7. 자연 손톱에 클리어 파우더를 올려 정리한다

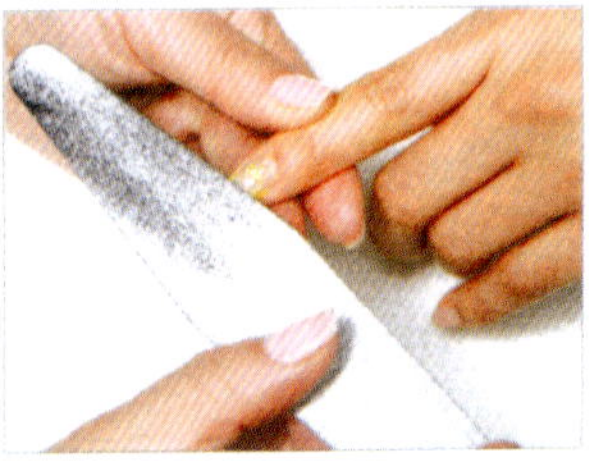

8. 지브라 파일로 파일링한다.

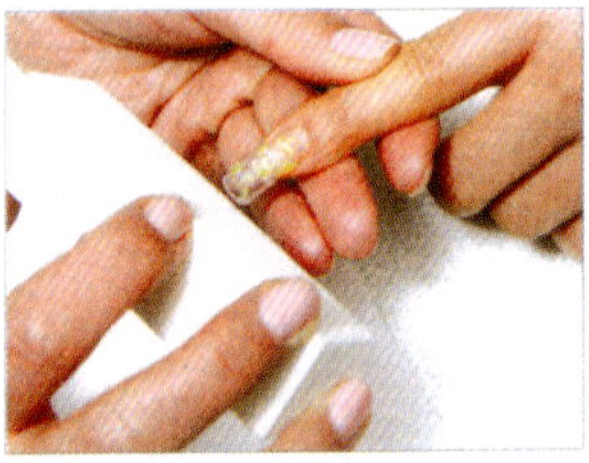

9. 샌딩으로 표면을 매끄럽게 처리한다.

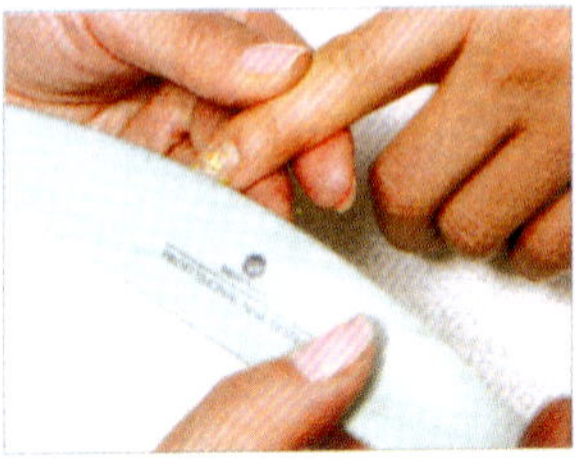

10. 브러시로 잔여물을 제거한 후 3- way로 광택을 내준다.

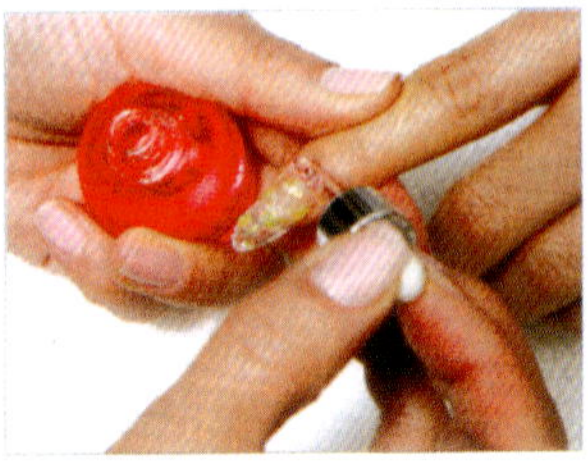

11. 오일을 바른다.

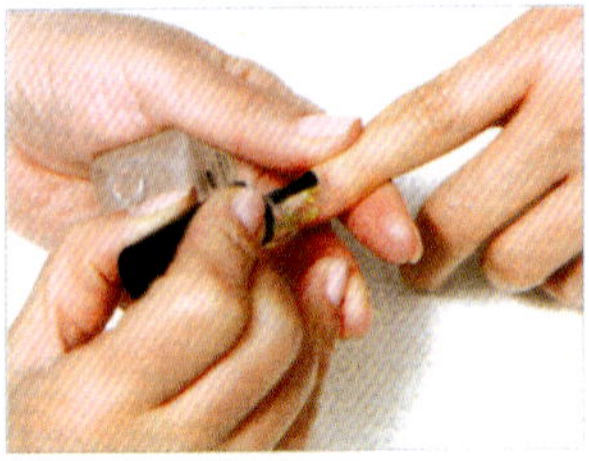

12. 톱코트를 바른다.

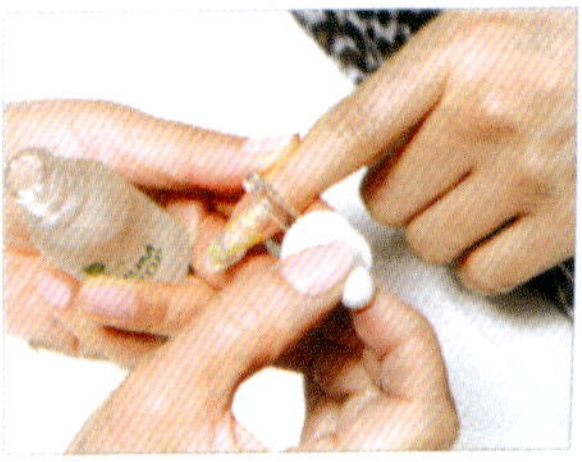

13. 원드롭 오일로 마무리한다.

5) 부스 매니큐어

부스 매니큐어는 매니큐어링 탁자가 아닌 임시 장소에서 하는 매니큐어링을 말한다. 고객이 다른 서비스를 받으면서 매니큐어 서비스를 요구할 때 하는 일이다.

예를 든다면, 헤어 커트나 파마를 하고 있는 중에 손톱 손질을 요구하는 경우이다.

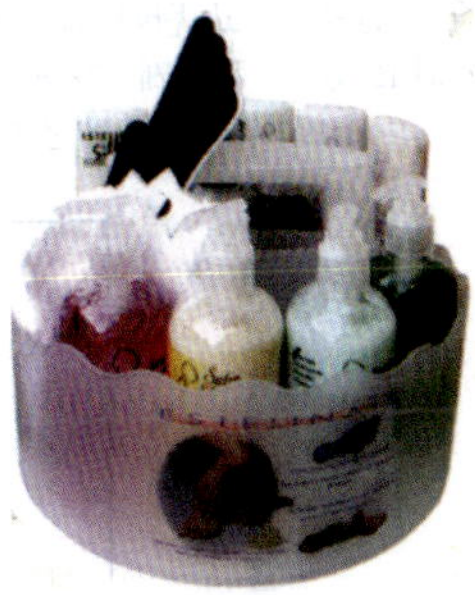

6) 인조 손톱

손톱은 본래 자연적인 손톱과 인조 손톱이 있다.

네일 아트(nail art)라고 할 때는, 자연 손톱을 아름답게 손질해 예술적으로 바꿔 놓는 것을 의미한다. 그러나 현대 과학은 시각적으로, 미학적으로 아름다운 인조 손톱을 개발하여 네일 서비스의 차원을 더 높게 이끌고 있다. 따라서 네일 아트도, 인조 손톱에 예술적 그림을 그려 넣어 자연 손톱 위에 부착시키는 새로운 형태로 바뀌었다.

이때에는 네일 폴리시리무버, 글루 등을 사용하여 인조 손톱을 예술적 손톱으로 바꾸는 서비스를 하게 된다.

인조 손톱은 연예인 · 모델 · 세일즈 우먼 · 사교적 직업여성 등이 주요 고객이다. 인조 손톱은 플라스

틱 제품과 아크릴 재질로 만든 것 등 새로운 제품들이 나오고 있다. 인조 손톱은 길이를 길게 하고 모양도 예쁘게 만들어 인기가 있다. 주의할 점은 이들 제품들은 가연성이 강하다는 것이다. 다시 말하면 불에 약하다.

따라서 서비스 도중에는 인화성 물질을 멀리해야 한다. 예를 들어, 서비스 도중에 고객이 담배를 피워서는 절대로 안 된다.

3. 페디큐어의 실제

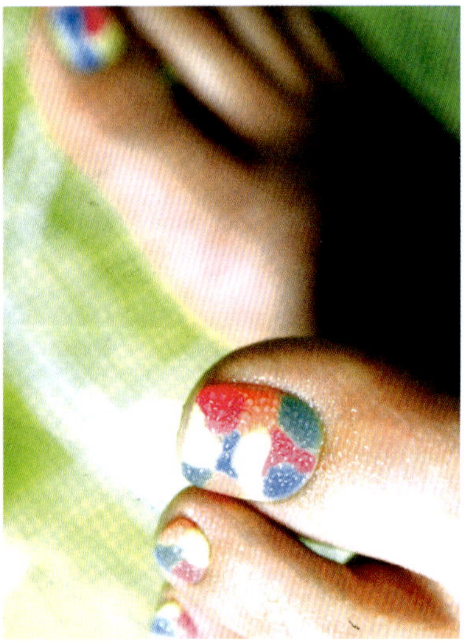

페디큐어(pedicure)라는 말은 발 관리 또는 티눈 · 물집 따위의 발 손질, 발톱 가꾸기 등을 주요 영역으로 하는 미용 파트이다.

페디큐어는 미용실 안에서 고객 서비스를 위한 중요한 서비스 중의 하나이다. 그러나 페디큐어협회가 따로 조직되어 미용실과는 독자적으로 활발한 활동을 펼치고 있다.

1) 페디큐어 서비스

페디큐어는 한 마디로 말해 발 관리 종합 서비스이다.

발 관리는 고객의 자세를 고쳐주고 발을 편안하게 해주는 것이 근본이다.

페디큐어 서비스는,

① 발을 편안하게 해 준다.
② 비정상적인 발을 교정해 준다.
③ 발의 티눈 · 굳은 살을 손질한다.
④ 자라면서 피부 속으로 파고드는 발톱을 손질한다.
⑤ 발의 버짐, 발가락 사이의 무좀 등도 손질한다.

2) 발 마사지

① 발목 위까지 로션이나 크림을 바른다.
② 발등에서부터 시작하여 발가락으로 내려간다.
③ 일방적으로 왼발부터 마사지를 한다.
④ 위에서 아래로, 다시 아래에서 위로 올라가며 반복한다.
⑤ 발바닥은 움푹 패어진 곳에서 시작한다.
⑥ 여기서 발가락을 향해 원을 그리며 한다.
⑦ 발가락을 하나씩 좌우로 흔들며 마사지를 한다.
⑧ 이런 동작을 되풀이해서 계속한다.

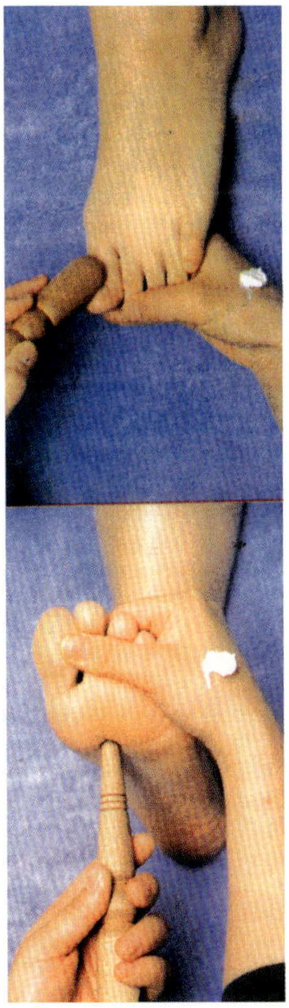

3) 발톱의 페디큐어링

발톱의 페디큐어링은 손톱의 매니큐어와 거의 비슷하다.

페디큐어링을 할 때는,

① 소독제를 넣은 물에 발을 5분쯤 발목까지 담근다.
② 오래된 네일 폴리시를 제거한다.

③ 네일의 길이나 형태를 정리한다.
④ 불필요한 큐티클을 제거한다.
⑤ 수건으로 닦고 네일 크림을 바른다.
⑥ 로션을 바르고 마사지를 한다.

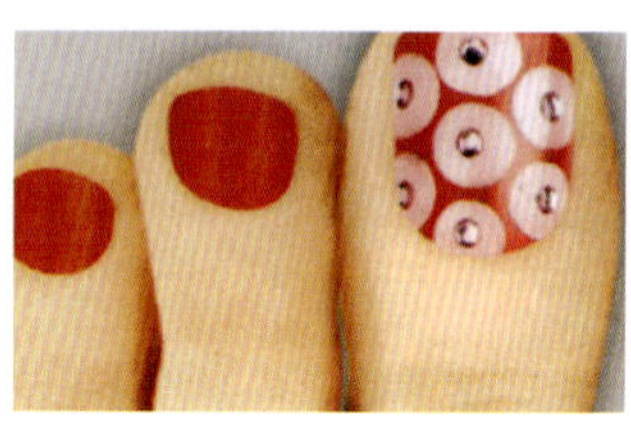

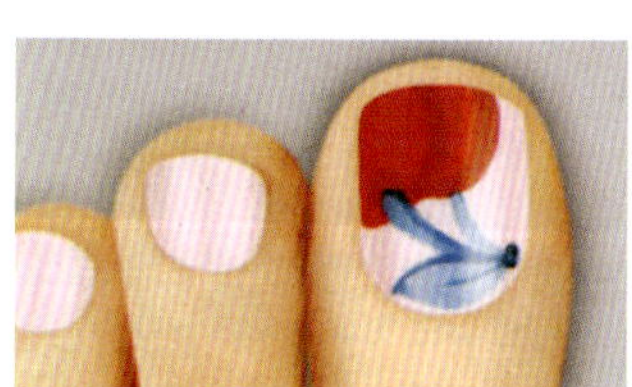

Chapter 20
토털 미용 예술가의 자세

1. 영원한 미를 향하여!

이 세상에서 가장 아름다운 사람은 품성의 미를 간직한 사람이다.

프랑스의 수학자이자 철학자였던 파스칼은, 이집트 프톨레마이오스 왕조 최후의 여왕, 지성과 미모가 뛰어난 클레오파트라에 대해 이런 경구를 남겼다.

> "클레오파트라의 코가 조금만 낮았더라면
> 세계 역사는 달라졌을 것이다."

클레오파트라는 탁월한 지혜와 빼어난 미모를 자랑하여 로마 사람들로부터 '나일의 마녀'라는 칭송을 받았던 여걸이다.

흔히 말하기를, 미인의 표상으로 그리스 신화의 미와 사랑의 여신 '비너스'를 꼽거나 르네상스 미술의 거장 레오나르도 다 빈치의 대표적 초상화 '모나리자'를 영원한 미인으로 꼽는다. 그러나 클레오파트라는 인간이고, 비너스는 여신이며, 모나리자는 초상화라는 것이 각기 다르다.

인간은 누구나 영원한 아름다움, 영원한 젊음, 나만의 행복을 추구하며 살아간다. 그러나 이 세상에서 그 욕망을 이룩한 사람이 과연 몇이나 될까?

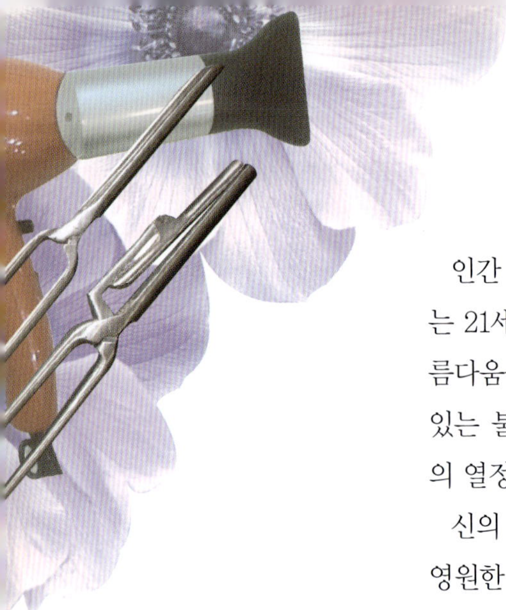

인간 사회의 번영과 행복을 추구하는 과학자나 의사들이 열망하는 21세기의 마지막 열정은 아마도, 영원불멸의 젊음과 영원한 아름다움을 꿈꾸고 있는 것인지 모른다. 그들은 인간이 영생할 수 있는 불멸의 신약, 새로운 기적의 신약(神藥)을 개발하고자 혼신의 열정을 불태우고 있을 것이다.

신의 사랑과 축복이 가득한 이 지구상에서 영원불멸의 젊음과 영원한 미의 인간이 과연 존재할 수 있을 것인가?

"그렇다!"고 대답할 사람은 아무도 없을 것이다.

이것은 엄연한 현실이며 실현 불가능한 사실이기 때문이다.

미용인은 오늘의 아름다움을 엮어내면서, 미래의 아름다움까지도 그려내고자 하는 열정의 전문 프로들이자 기술적 장인들이다. 오늘도 미용 기술은 정지하지 않고 내일을 향해 달려가고 있다.

새로운 유행을 위해 몸부림치고 있으며, 특별한 뉴 트렌드를 창출하기 위해 안간힘을 쓰고 있다.

우리 미용인들은 새로운 시대를 살아가는 주인공들에게 보다 아름다운 용모, 지성적이고도 개성미 넘치는 헤어스타일을 연출해 주는 전문인으로서 새로운 감각성 · 창의력 · 예술성을 구현하기 위해 부단한 노력으로 정진해야만 한다.

이는 미용을 천직으로 삼은 미용인들에게 주어진 숙명이자, 소명이다. 미용 산업계에서는 너도, 나도 모두가 "미용은 예술이다!"라고 갈파한다. 이처럼 고상하고 아름다운 말을 했으면, 그 말에 책임을 지고 실천해야 할 것이 아닌가?

"미용은 예술이다!"

미용인들 스스로가 이렇게 외치면서 기술은 낡고 진부한 수준을 벗어나지 못하고 있다면, 참으로 부끄럽고 면구스러운 일이 아니겠는가?

미용을 예술로 승화시키는 길은 기본 이론과 원리, 기초 기술을 보다 튼튼하게 다지고, 현장에서 변화무쌍한 창의력과 응용력을 발휘하면서, 찬란한 미용 예술의 꽃을 피워내는 것뿐이다. 미용인이라는 아름다운 직함처럼 영원한 미를 향하여! 인고의 수레바퀴를 멈춰서는 결코 안 된다.

2. 미용은 창조적 기술

현대 사회는 하루가 다르게 무척 빠른 속도로 변천해 간다.

시대 변천에 따라 미용도 무척 빠르게 변화의 물결을 타고 출렁거린다.

미용인은 이제 더 이상 단순 기술자가 아니다.

헤어만 봐도 그렇다.

커트 스타일은 매우 다양해졌다.

컬러는 유행의 물결을 따라가기가 바쁘다.

고난도의 창작품인 업스타일 · 컨슈머 · 헤어바이나이트는 상상을 초월할 정도로 뉴 트렌드가 쏟아져 나온다.

헤어 샴푸 · 헤어 클렌징 · 헤어트리트먼트 · 헤어 세팅 · 헤어 디자인 · 헤어 브리치 · 가발 · 피스 등 모든 영역에서 신제품 · 신기술이 넘쳐흘러 숨이 가쁠 정도이다.

헤어뿐만 아니다. 미용과 직결되는 피부 · 네일 · 발 관리 · 모발 · 화장품 · 패션 분야는 어떤가?

모두가 눈부신 변화와 발전을 거듭하고 있기는 마찬가지이다.

이러한 변화와 발전의 물결은 당연하고 타당한 것이다.

3. 토털 뷰티의 시대

현대는 미용 · 피부 · 네일 · 페디큐어 · 화장 등 모든 분야가 함께 어우러지면서 조화를 이루어 가야 하는 토털 뷰티(total beauty)의 시대를 맞고 있다.

미용계가 안고 있는 변화의 급물결은 자의적이라기보다 타의적인 요구가 더 강하게 자용하고 있기 때문이다.

지난 19~20세기 동안 세계 미용계는 놀라운 성장과 발전을 거듭해왔다.

그러나 우리는 불과 30~40년 사이에 급격한 변화를 겪었다.

많은 미용인들이 선진국의 미용계를 둘러보았고, 미용 기술의 교류도 활발하게 전개하면서 변화의 물꼬를 튼 것이다.

여기서 우리는 세계와의 미용 거리감을 절감하면서 선진 미용기술과 새로운 미용 사조에 눈을 뜨게 되었다.

기초가 부실하면 좋은 빌딩을 세울 수 없듯이, 선진국의 신기술을 도입하고 접목하기에 앞서, 미용인들에게도 기본 기술에 대한 확고한 기초 정립이 선결 과제가 되고 있다.

4. 프로만이 발전한다!

미용의 테크닉(technic)은 미용인 각자에 따라 조금씩 다를 수 있어도 각자의 미용 기술은 모두 훌륭하고 진보적이라고 할 수 있다.

현업에서 가장 중요시되는 것은 미용 기술과 창의력이다.

이는 시간이 흘러간다고 터득되는 것도 아니고 경륜이 쌓인다고 다져지는 것도 아니다.

미용 기술과 창의력은, 미용에 입문한 모든 사람들 초보자 · 디자이너 · 원장은 물론이고 미용 단체의 지도자 · 미용 관련 대학의 교수진 할 것 없이 모두가 공통적으로 익히고, 갈고 닦으며, 전수해야 하는 필수 사항인 것이다.

기초가 확실하고 튼튼한 미용인이라면, 어떤 헤어스타일이 유행된다 해도 당황할 이유가 조금도 없다. 오히려 새로운 유행의 패턴을 곧 자기 기술에 접목해 자신의 개성을 살리는 독특한 헤어스타일로 표출해 낼 수 있다고 본다.

현대 미용은 단순한 기술적인 손동작에 의한 것이 아니라 수학 · 과학 · 화학 · 심리학 · 경영학 등 제반 요소가 가미된 토털 미용학의 성격을 띠고 있다 하겠다.

이러한 사실은 마르셀 · 네슬레 · 앙토안느 · 쟈크 데상쥬 · 비달 사순 · 융게라스 등 세계적인 헤어 아티스트들의 헌신적인 노력과 유수한 미용 전문 아카데미를 통해 수련과 연마를 거듭해온 열정적인 미용 연구가들의 새로운 테크닉과 실기에서 여실히 입증되고 있다.

따라서 현대 사회의 미용인들은 강인한 프로만이 오늘의 고객들에게 아름다운 서비스를 할 수 있고, 미래의 아름다움도 창출할 수 있다는 신념과 긍지로 재무장해야 할 것이다.

Beauty&Hair Art

ESPRIT

가슴에 담아두면 언제나 힘이 되는 말들! (빌게이츠의 명언)

TV는 현실이 아니다. 현실에서는 커피를 마셨으면 일을 시작하는 것이 옳다.

Television is NOT real life. In real life people actually have to leave the coffee shop and go to jobs.

상처를 주지도 받지도 말라.

관용을 배우라.

다른 사람을 곤경에 빠뜨리지 말라.

현실을 외면하지 말라.

부 록

Beauty & Hair Art

미용용어 

ㄱ

- 가이드라인(guide line) : 스타일을 만드는데 기준이 되는 머리카락의 길이.
- 골든 포인트(golden point) : 턱에서 두 귀를 연결하는 선의 연장선이 두정부에서 만나는 지점.
- 그라데이션(gradation) : 점차적 이행, 조금씩의 변화. 차차 짙어지는 농담. 흑백의 명도 변화.
- 꼬기(twist) : 머리카락을 교차하여 밧줄 모양으로 만들거나 꽈리 형태를 내는 방법.

ㄴ

- 내로우 웨이브(narrow wave) : 등성이 사이의 폭이 좁거나 커브가 급한 웨이브. 곱슬머리에 가깝다.
- 노트(knot) : 가닥을 묶거나 얽어매는 것으로, 토대나 베이스를 만들기 위해 만드는 부분. 넥타이나 리본 등의 묶인 부분.
- 뉘앙스(nuance) : 색조, 농담, 음영, 그라데이션의 톤, 감점, 정서 등의 여러 가지 표현. 차별성, 개성미, 감정과 기분, 감각과 느낌 등의 미묘한 차이가 특징.

ㄷ

- 다운 세이핑(down shaping) : 모발 진행 방향이 아래로 향한 형태를 만드는 것. 다운은 아래, 세이프는 윤곽 형태라는 뜻.
- 다운 스템(down stem) : 모근에서 컬이 말리기 시작한 곳까지를 말한다. 컬이 말리는 부분이 밑으로 길어지는 와인딩의 방법. 볼륨 억제 효과가 있다.
- 다이아 그램(diagram) : 그림, 도해도, 도표를 이르는 말.
- 대상(object) : 예술적 표현 직용을 향한 목표가 되는 소재나 제재의 총칭. 객관, 객체와 같은 뜻.
- 대조(contrast) : 반대적 요소의 바람직한 관계, 다양한 대립성을 만들어내면서 디

자인의 흥미를 자극한다.

- 대칭(symmetry) : 점, 선, 면 등이 서로 맞서는 자리에 놓이는 경우.
- 동선(traffic line) : 공간에서 인간과 물체의 움직이는 궤적.
- 디자이너(designer) : 설계 또는 입안하는 사람. 디자인을 하는 사람.
- 디자인(design) : 설계를 바탕으로 전체를 예술성 있게 만드는 것. 선이나 장식적인 효과의 배열. 종합적 조형미를 창조하는 일.

ㄹ

- 라이프스타일(life style) : 패션을 생활 전체에서 찾아내는 일. 복장, 머리 모양, 인테리어 전체에서 하나의 스타일을 나타내는 것.
- 렉탱글러 파트(rectangular part) : 머리를 나누는 방법의 하나. 두정부를 장방향으로 나눈 것.
- 로드(rod) : 웨이브를 만들기 위해 머리카락을 마는 기구.
- 로열(royal) : 고귀함. 왕위 같은 지위에 어울리는 것.
- 로우 웨이브(low wave) : 파상이 부드러운 산 모양의 완만한 웨이브. 로우는 낮다는 의미.
- 롤러(roller) : 머리 모양에 볼륨을 주기 위해 사용하는 세트용 걸러.
- 롤링(rolling) : 빗, 롤, 브러시를 반복 회전시키는 동작.
- 리 디자인(redesign) : 이미 디자인한 것을 다시 고침. 개선하는 것.
- 리세트(reset) : 브러시 이동 기술로 재차 끝마무리를 하는 작업.
- 리젠트 스타일(regent style) : 앞머리, 양 사이드를 모두 뒤로 넘겨서 포마드를 듬뿍 바른 머리 모양.
- 리지(ridge) : 웨이브의 융기 또는 융기선. 산등성이나 꼬리 부분의 근육이라는 의미.

ㅁ

- 마가렛(margaret) : 묶는 머리의 하나. 세 갈래로 땋아서 큰 원을 만들고 리본으로 장식하여 뒤쪽을 올린 형태.
- 메슈(meche, 불어) : 머리 일부를 컬러링 하는 것. 머리의 묶음 또는 탈색이라는 뜻.
- 모던(modern) : 현대적인 것 또는 감각.

- 모드(mode) : 방법, 형식, 유행을 이르는 말로 패션과 동의어.
- 미니멀리즘(minimalism) : 장식을 피하면서 최소한으로 표현하는 양식.
- 밀리톤(mirliton, 불어) : 18세기 중엽 프랑스에서 유행한 머리 모양. 앞머리와 사이드 머리는 짧게 하여 작은 컬을 만들고 타페로 묶은 뒤 꽃이나 깃털을 꽂아 장식하고, 뒤는 올려 머리끝을 프런트 컬의 중간에 넣었다.

ㅂ

- 바이어스(bias) : 사선. 비스듬한 선.
- 방사 분배 : 머리를 한 시작 중심에서 360도로 분배하는 방식.
- 백(back) : 두발의 뒷부분. 머리 가름마를 타지 않고 모두 뒤로 넘기는 머리. 올 백.
- 백 콤(back comb) : 볼륨을 더해 주고 방향을 유도할 때 머리다발을 들어 올려 빗으로 밀어 넣는 동작.
- 밸런스(balance) : 균형. 디자인 요소들이 평형과 조화를 이루는 관계.
- 뱅(bang) : 잘라 내린 앞부분의 머리.
- 버라이어티(variety) : 다양성, 변화. 베리에이션(variation)과 동의어.
- 베이스(base) : 컬을 만들기 위해 나눈 머리다발의 근원 부위. 커트, 파마, 핀컬 등을 시작할 때 먼저 결정하는 두피 부분, 밑뿌리를 말한다. 본래는 기본, 기준, 토대 등의 뜻. 밑 화장을 이른다.
- 보이쉬 스타일(boyish style) : 남자 아이 같은 형태로 자른 여성의 헤어스타일. 1930년 영국 여배우 베아트리스 리리가 처음 선보였다.
- 보헤미안(bohemian) : 보헤미아 풍, 방랑적인 생활을 하는 사람. 집시의 다른 말.
- 볼륨(volume) : 부피의 감각.
- 브라이드(braid) : 셋 이상의 가닥으로 갈라서 엮어 한 가닥으로 표현하는 땋기 방법.
- 브러싱(brushing) : 브러시로 머리를 빗는 것.
- 블로킹(blocking) : 미용 시술을 할 때 머리카락을 크게 구분하여 나누는 것.
- 비주얼 디자인(visual design) : 시각적인 미를 강조하는 디자인.
- 비주얼 라이제이션(visualization) : 생각한 이미지를 구체화하여 시각적으로 표현하는 것.

ㅅ

- 사이드(side) : 양측 두부.
- 샤기(shaggy) : 보풀이 일어난 긴 표면 털.
- 서클 파트(circle part) : 라운드 파트. 서클은 곡선, 원주로, 파트는 원형으로 잡은 것.
- 선(line) : 연장된 점, 점들의 집합.
- 세미 롱(semi long) : 숏과 롱의 중간머리 길이.
- 세이핑(shaping) : 빗으로 빗기면서 형을 만드는 것. 컬과 웨이브의 기초 기술 동작.
- 세트(set) : 정리한다는 의미.
- 섹션(section) : 구분 또는 더 적게 나눈 부분.
- 센스(sense) : 감각, 생각, 느낌 등의 의미.
- 센터 파트(center part) : 머리카락을 이마에서 정중선으로 나눈 것.
- 스윙 웨이브(swing wave) : 움직임을 가진 웨이브. 스윙은 흔들린다, 진동한다는 뜻.
- 스퀘어 베이스(square base) : 네모, 정방형.
- 스파이키(spiky) : 머리 묶음에 날카로움을 주는 것.
- 스타일(style) : 일정한 양식 또는 격식, 정돈된 모형.
- 스테이지 메이크업(stage makeup) : 무대 화장.
- 스트랜드(strand) : 한 줄기 또는 한 가닥의 모발 묶음.
- 스페이스(space) : 공간, 장소. 여백.
- 슬라이스(slice) : 한번 자른 머리카락을 다듬는 것. 머리카락을 적게 나눈다.
- 시니어(senior) : 연장자, 상급자.
- 시뇽(chignon. 불어) : 틀어 올린 머리. 업스타일에서 마지막 연출되는 머리끝의 모양.
- 실루엣(silhouette. 불어) : 윤곽선, 라인과 같은 뜻.
- 심볼(symbol) : 상징, 표상.

ㅇ

- 아방가르드(avant garde, 불어) : 전위파 또는 전위 예술. 추상, 혁명적인 창조의

총칭.

- 아웃 라인(out line) : 외형, 윤곽, 약도의 대략적인 형태. 머리모양의 실루엣.
- 악센트(accent) : 강조. 눈에 띄게 하는 의미로 사용.
- 앙상블(emsemble. 불어) : 정돈됨, 통일 또는 조화를 이룸.
- 액세서리(accessory) : 장신구, 부속품.
- 어코드(accord) : 일치성.
- 언더 브레이드(under braid) : 바깥 가닥을 아래로 교차시키며 땋는 방식.
- 언밸런스(un balance) : 불균형.
- 업스타일(up style) : 올림머리. 얹음 머리.
- 앤드 오브 컬(end of curl) : 컬 상태로 만들어진 모발의 선단 부분, 컬의 끝 부분.
- 엘레강스(elegance) : 우마, 우미한 품격, 자연스러우면서 부드러운 미.
- 오리지날(original) : 원시의, 고유한.
- 와인딩(winding) : 모발을 로드에 마는 기법. 랩핑이라고도 함.
- 원랭스 커트(one length cut) : 모발의 커트 선이 일정하면서 단차가 없는 상태.
- 위그(wig) : 가발.
- 위브(weave) : 한 끝으로부터 안과 밖을 엮으며 지나가기.
- 윙 스타일(wing style) : 머리 양 사이드를 새의 날개처럼 옆으로 늘어뜨린 머리 모양.
- 이미지 라인(image line) : 헤어 디자인을 위해 만드는 라인.
- 익스텐션(extension) : 붙이는 머리의 일종으로 길이, 양감, 질감을 더해줌.
- 인턴(intern) : 실습 근무하는 미용인.

ㅈ

- 잔상(affer image) : 보색이 나타나는 소극적 현상.
- 장식(decoration) : 꾸미는 것.
- 조화(harmony) : 어긋남이 없이 잘 어울리는 것.
- 지그재그(zigzag) : 번개 형, 갈지자 형.
- 진행(progression) : 점진적인 변화.
- 질감(texture) : 물질 자체의 독특한 느낌.

ㅊ

- 창작(創作) : 예술적 창조. 독특한 헤어스타일의 창조.
- 축(axis) : 물체를 돌리는 지점 또는 직선.

ㅋ

- 커트(cut) : 머리카락을 자름.
- 컨슈머(consumer) : 소비자.
- 컨트롤(control) : 조종, 통제.
- 컬(curl) : 머리카락을 마는 것. 말린 머리카락 자체. 볼륨감을 만들기 위한 방법.
- 컬러(curler) : 컬을 만들어 주는 말이 기구.
- 컬러(color) : 색, 색채.
- 코밍(combing) : 빗을 이용하여 머리카락을 빗는 것.
- 콤(comb) : 빗.
- 크로스 피닝(cross pinning) : 십자로 교차시켜 핀을 꽂는 것.
- 클립(clip) : 모발을 일시 고정시킨 S 금속 기구.

ㅌ

- 타월(towel) : 세수 수건.
- 테크니컬(technical) : 기술적인, 전문적인 것.
- 톱 헤어(top hair) : 두정부의 머리.
- 투피(toupee) : 머리, 딴 머리. 덧 넣은 머리.
- 트렌드(trend) : 방향, 새로운 경향
- 트리밍(trimming) : 손빌, 전체를 정리하는 것, 컷 기술 미용.

ㅍ

- 파티션(partition) : 분할, 경계의 나눔.
- 패널(panel) : 가는 판상으로 나눈 머리카락.
- 퍼포먼스(performance) : 연기에서 우연성을 강조하는 예술적 행위 또는 과정의

작품.

- 펑크 스타일(punk style) : 머리 정수리 쪽의 머리카락이 가볍게 위로 올라가는 형.
- 페이스(face) : 얼굴 모양.
- 포니테일(ponytail) : 말꼬리처럼 머리카락 전체를 하나로 묶어 내린 형태.
- 퐁타쥬(fontage, 불어) : 부채꼴 모양으로 만든 머리 형태.
- 플렛 컬(flat curl) : 납작하게 살갖에 살짝 붙이는 컬.
- 프로세스(process) : 작업 과정 또는 순서.
- 프로필(profile) : 옆얼굴, 일반적으로 사람의 약력을 말함.
- 피봇 포인트(pivot point) : 컬의 기점. 회전하는 포인트. 피봇은 선회하는 축을 말함.

ㅎ

- 하모니(harmony) : 조화. 화합.
- 햄 라인(hem line) : 머리카락이 나기 시작한 선.
- 헤비사이드(heavy side) : 파트를 나눈 경우에 머리카락이 극히 많은 쪽.
- 헤어네트(hair net) : 머리카락의 흐트러짐을 방지하는 그물.
- 헤어드라이어(hair dryer) : 머리카락을 말리거나 정돈하는 전기 제품.
- 헤어모드(hair mode) : 유행되는 머리 모양.
- 헤어세팅(hair setting) : 특정된 위치에 머리카락을 놓아두는 것.
- 헤어피스(hair piece) : 머리의 일부분에 붙이는 머리.
- 히피 스타일(hippie style) : 기성 제도나 관습에 반하는 부정적인 머리 형태.

참고문헌

▷ 신 미용학 개론, 신지현. 수문사. 1997.

▷ 미용문화사, 정현진 외 5명 공저, 광문각. 2004.

▷ 미용학개론, 이혁, 청구문화사, 1995.

▷ 미용학개론, 김성남 외 2인 공저, 고문사, 2007.

▷ 미용학개론, 김민정, 백산출판사, 2005.

▷ 미용학개론, 김화남 외 2인 공저, 명성출판사, 2006.

▷ 미용학사전, 한국미용학회, 신광출판사, 2003.

▷ 비키박의 미용학, 비키 박, 한림미디어, 2000.

▷ 업스타일, 타다오리아이, 나이미용출판, 1998.

▷ LE CHEVEU. NATHAN, Perre Gascar, 1998.

▷ LEGYPTE ANCIENNE, Nubar Press, 2002.

▷ THE STORY OF ART E.H. Gombrich, 1995.

에필로그(Epilogue)

창세기 이후
천지가 열리고 만물이 탄생한 이래
그 얼마나 많은 영겁(永劫)의 세월을 두고
그 얼마나 많은 사람들이 미(美 · Beauty)를
찬미하고 추구하며 살아왔을까?

일본 동경제국대학 교수의 딸로 태어나서,
결혼, 출산 후 미용이 무엇인지도 모르면서,
의지 하나로 뛰어든 지 긴 세월…
미용의 옷자락 끝에 매달려서
그 많은 사람들의 모발을
한 올 한 올 세어가며
웃고 울며 아픔을 삭혀온 긴 세월…

궂은 일 긍휼히 여기고, 기쁨 함께 나누며
손끝에 피멍이 들도록 갈고 닦아온
그 고뇌들이 깨달음으로 되돌아와서,
미용실 원장 · 기술강사 · 미용장 · 겸임교수로 우뚝 서는
오늘의 '미용가(美容家) 정매자' 를 만들어 냈다.

여리고 쓰러서 부서지려는 마음을 달래며
낮과 밤을 잊은 채, 봉사와 창조 일념으로 달려오고,
신들린 여인처럼, 장인(匠人)의 혼백을 불사르며,
손끝에서 떨어져 나가려는 가는 줄기 끌어안아

경이로운 미용 세계의 품안에 안겼다.
커트 · 파마 · 컬러 · 샴푸 · 업스타일 · 컨슈머… 전통머리 모양
인간의 한계에 도전하며, 더 넓고 큰 세계를 향해
영롱한 아름다움을 창출하고자 발버둥쳤다.

오직 나만의 미용 레일(Rail)을 깔고 달리며
미를 위한 안내자로 열정을 쏟아왔다.
미용 예술의 탐미주의(耽美主義) 자로 푹 빠져
모두의 만족 · 행복 · 축복을 기원하며,
미인을 위해, 작품을 위해, 나의 모든 것을 바쳐왔다.

나의 미용철학(美容哲學) · 미용신념으로
같은 길을 걸어가는 미용 동료 · 후학들에게
편편옥토(片片沃土)가 되었으면 하는
경건한 마음으로 미(美)의 옷자락을 여미며,
『현대미용총론 '뷰티 & 헤어 아트'』를
사랑과 열정을 모아 편찬(編纂),
미용을 천직으로 삼으려는 모든 이들에게 바친다.

2008년 여름
'정정원 헤어룩' 삼성동 본점 & 청담동 연구실에서
編著者 정 매 자(鄭梅慈)

- 을지대학교 미용과 전임강사 · 겸임교수
- 대한미용사회중앙회 기술강사
- 미용장 · 이용장

저자소개

일본 동경미용전문학교 수료
토니앤가이 / 피봇포인트 / 비달사순 아카데미교육 수료
직업능력개발훈련교사
미용장 / 이용장
대한미용사회기술강사 겸 기술분과 부위원장

고려대, 경원대, 전남대, 광주여대, 전주대, 을지대학교 출강
을지대학교(전 서울보건대학) 전임강사 겸임교수
현재 CAT 기술분과 기술위원장 겸 국제트레이너
현재 머리모양연구회 회장
현재 정정원헤어룩 삼성점, 청담점 대표

대한미용사회중앙회 각종미용대회 심사위원 역임
이,미용 실기자격시험 기술감독위원
지방기능경기대회 / 전국기능경기대회 심사위원 및 심사장 역임
국제기능올림픽대회 후보선수평가전 심사위원 역임
C.A.T C.M.C H.C.F 국제심사위원 및 국제트레이너
2006 CAT 부산 세계대회 조직위원장

기술세미나 500회 이상 / 뉴트렌드 및 전통작품 발표 다수
헤어이노베이션 한국위너 1위(상금 2000만원 백혈병어린이돕기 희사)
얼터너티브 헤어쇼 백혈병어린이돕기 2억 기금마련 · 서울대학병원 기부
CAT 벨기에 세계대회 개인전 금메달 수상
CAT 일본 세계대회 단체전 오스카 수상
CAT 독일 세계대회 전 과목 석권

CAT 이탈리아 세계대회 개인전 금메달 수상
CAT 캐나다 세계대회 전과목 석권 / 베스트 트레이너상
CAT 한국 세계대회 전과목 석권
국제 각종 미용대회 금메달 다수 배출

대한민국 대통령 이명박 감사장
보건복지부장관 표창장 수상
서울특별시장 표창장(5회)
강남구청장 표창장(5회)
대한미용사회중앙회장 표창장(7회)
자랑스런 한국인상(미용부문) 수상
CAT 세계대회 프랑스회장 표창장
한국직능단체 2000년도 신지식인 선정
서울시 천만시민의 봉사상 수상
강남구자원봉사자대회 자원봉사 1573시간 금배지 수상
(재)한국백혈병어린이재단 감사패
(사)강릉단오제위원회 공로장 수상('한국전통 고전머리 5000년사 재현전' 전시)
각종 단체 표창 30여 회 수상

[현대미용총론] 뷰티&헤어아트

2008년 11월 17일 1판 1쇄 인쇄
2008년 11월 21일 1판 1쇄 발행

지은이: 정 매 자
펴낸이: 박 정 태

펴낸곳: **광 문 각**

413-756
경기도 파주시 교하읍 문발리 파주출판정보단지
500-8번지 광문각 B/D 4F
등 록: 1991. 5. 31 제12-484호
전화(代): 031)955-8787
팩 스: 031)955-3730
E-mail: kwangmk@unitel.co.kr
홈페이지: www.kwangmoonkag.co.kr

ISBN: 978-89-7093-489-1 93590

정가 : 28,000원